ESSAI

SUR

LA RÉSISTANCE

DES BOIS

DE CONSTRUCTION,

AVEC UN APPENDICE SUR LA RÉSISTANCE DU FER
ET D'AUTRES MATÉRIAUX,

Résumé de l'ouvrage anglais de P. Barlow, Membre
de l'Académie Royale Militaire;

AVEC DES NOTES.

PAR A. FOURIER,

ANCIEN ÉLÈVE DE L'ÉCOLE POLYTECHNIQUE,
INGÉNIEUR AU CORPS ROYAL DES PONTS ET CHAUSSÉES.

PARIS,

ANTHUS BERTRAND, RUE HAUTEFEUILLE, N° 23.
BACHELIER, QUAI DES AUGUSTINS, N° 55.
CARILIAN-GOEURY, QUAI DES AUGUSTINS, N° 41.

1828

ESSAI

SUR

LA RÉSISTANCE

DES BOIS

DE CONSTRUCTION.

ANGERS, IMPRIMERIE DE ERNEST LE SOURD.

ESSAI

SUR

LA RÉSISTANCE

DES BOIS

DE CONSTRUCTION,

AVEC UN APPENDICE SUR LA RÉSISTANCE DU FER

ET D'AUTRES MATÉRIAUX,

Résumé de l'ouvrage anglais de P. Barlow, Membre de
l'Académie Royale Militaire ;

AVEC DES NOTES,

PAR A. FOURIER,

ANCIEN ÉLÈVE DE L'ÉCOLE POLYTECHNIQUE,
INGÉNIEUR AU CORPS ROYAL DES PONTS ET CHAUSSÉES.

PARIS,

ARTHUS BERTRAND, RUE HAUTEFEUILLE, Nᵒ 23.
BACHELIER, QUAI DES AUGUSTINS, Nᵒ 55.
CARILIAN-GOEURY, QUAI DES AUGUSTINS, Nᵒ 41.

1828

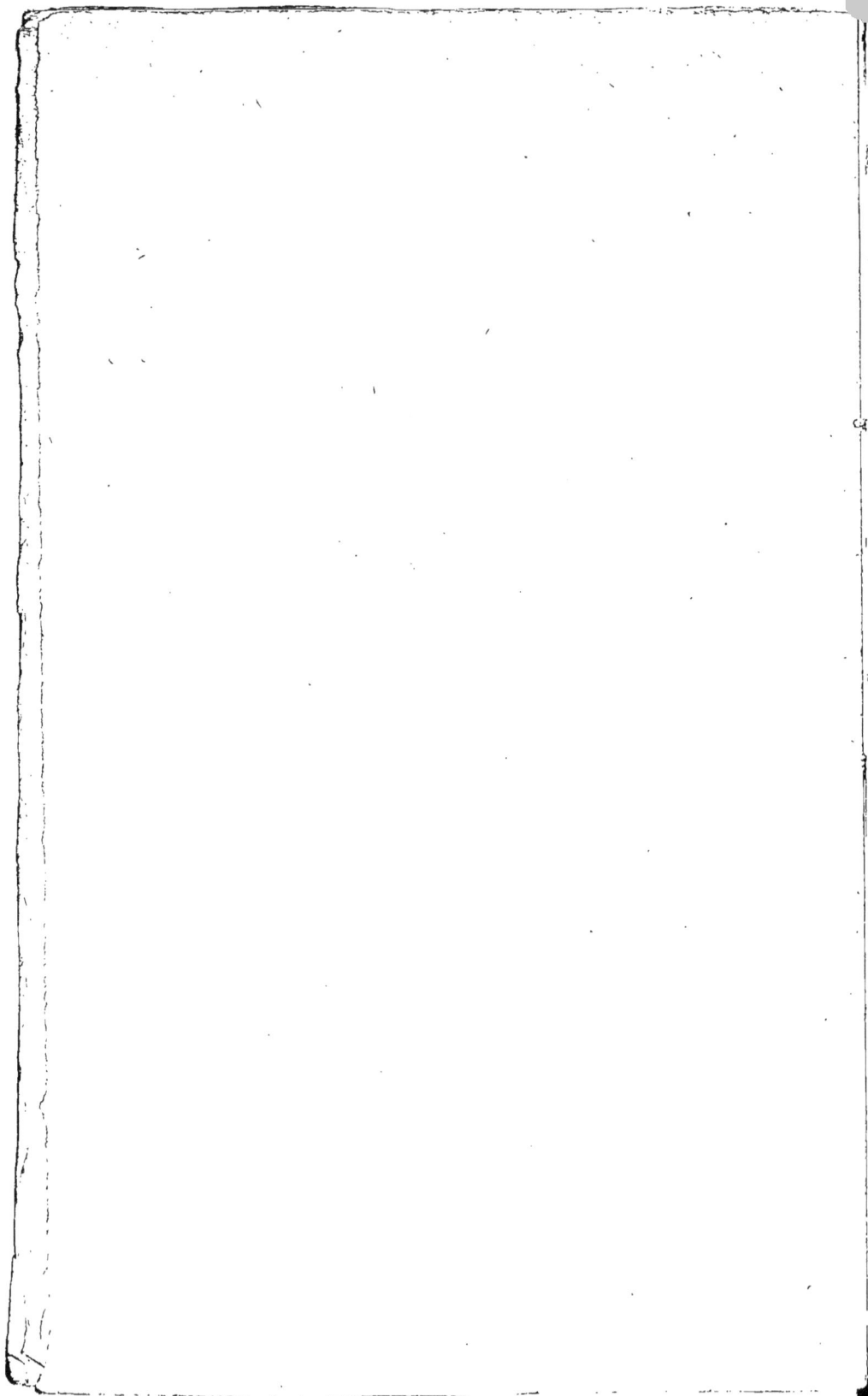

PRÉFACE.

Une connaissance exacte de la résistance des bois de construction et des autres matériaux, semblerait devoir être indispensable aux personnes chargées de la direction des grands ouvrages d'art : cependant cette étude est généralement négligée, et tout en admirant les ingénieux perfectionnemens introduits depuis quelque temps dans un grand nombre de machines, on remarque souvent avec peine les proportions peu judicieuses données aux matériaux qui les forment ; matériaux dont la force et la position n'ont point été déterminées conformément aux efforts qu'ils avaient à supporter, et dont les ruptures fréquentes font seules connaître le mauvais emploi.

Des expériences ont été faites, plusieurs fois, par l'ordre du Gouvernement français pour déterminer les données indispensables à l'établissement d'une théorie générale de la résistance des bois ; d'abord sous la direction de Duhamel et de Buffon,

1

et dernièrement sous celle de M. Girard, qui depuis a publié son *Traité de la résistance des solides* [1].

Les expériences de cet auteur sont en grand nombre, et ses recherches fort ingénieuses; mais ayant employé des calculs trop élevés pour la nature du sujet, et ayant adopté, en même temps, les hypothèses de Mariotte et de Leibnitz, il est parvenu à des résultats dans lesquels M. Barlow a reconnu quelques inexactitudes.

Les deux principales théories de la résistance des solides, sont celles de Galilée et de Leibnitz, et toutes les deux elles contiennent une erreur commune; chacun de ces auteurs considère les corps comme incompressibles, et suppose en conséquence que chaque fibre, quand elle est soumise à un effort, se trouve dans un état de tension : suivant Galilée, toutes les fibres résistent également; et suivant Leibnitz, la réaction est proportionnelle à la quantité de l'extension. Ces différentes lois de tension, une fois admises, conduisent nécessairement à des résultats différens, mais qui sont également faux.

---

(1) De nouvelles expériences dirigées avec beaucoup de soin et d'habileté par M. le baron Charles Dupin, ont été publiées dans le dixième volume du *Journal de l'École Polythechnique*; elles sont principalement relatives à la flexion des bois dans différentes circonstances.

Galilée trouve, par exemple, que la résistance d'une pièce de bois triangulaire supportée à chaque extrémité, avec son sommet en haut, est double de la résistance de la même pièce, lorsque son sommet est en bas; Leibnitz trouve que la résistance de la même pièce varie dans les deux cas dans le rapport de 3 à 1 ; tandis que l'expérience prouve que la pièce est plus forte dans la seconde que dans la première position.

Les mêmes contradictions, et les mêmes erreurs se représentent lorsqu'on veut établir quelque comparaison entre la résistance des bois selon leurs formes et leurs positions différentes.

M. Barlow ne pouvant douter des défauts des premières théories, et redoutant le danger d'en fonder une nouvelle sur d'autres hypothèses physiques, qui, quoiqu'en apparence plus plausibles, auraient pu être également erronnées, résolut de se servir uniquement des données qui pourraient lui être fournies par ses propres expériences ; et c'est ainsi qu'il est arrivé à des théorêmes généraux, d'une application facile dans tous les cas de pratique.

Avant de développer les résultats de ses propres recherches, M. Barlow expose avec beaucoup de clarté les théories présentées avant lui. Mais comme ces théories sont parfaitement expliquées dans plusieurs ouvrages français, et notamment dans le Traité de la résistance des solides de M. Girard, nous avons pensé que cette partie du travail de M. Barlow pouvait être supprimée sans aucun inconvénient.

Nous avons également supprimé les développemens théoriques, qui n'étaient pas indispensables à l'intelligence des résultats, notre but étant particulièrement de faire connaître les principes d'une application utile dans les constructions.

ESSAI

SUR

LA RÉSISTANCE

DES BOIS

DE CONSTRUCTION.

1. Une pièce de bois, une barre de fer, un corps solide quelconque enfin, peut être soumis à quatre actions distinctes, dans chacune desquelles l'effort mécanique pour produire la rupture, et la résistance opposée par les fibres ou les molécules, s'exercent d'une manière différente.

Ces quatre cas peuvent être distingués comme il suit :

1° Un corps peut céder à une force de traction appliquée dans la direction de ses fibres.

2° Il peut être rompu par un effort transversal agissant perpendiculairement ou obliquement à sa longueur.

3° Il peut être écrasé par une force de pression agissant dans le sens de sa longueur.

4° Il peut être tordu par une force agissant dans une direction circulaire à l'extrémité d'un levier.

Ces différens cas formeront le sujet d'autant de chapitres dans les recherches suivantes.

CHAPITRE PREMIER.

DE LA RÉSISTANCE DES BOIS A UNE FORCE DE TRACTION
APPLIQUÉE DANS LA DIRECTION DES FIBRES.

——

2. Nous appellerons *force de cohésion directe*, ou
simplement *cohésion directe*, cette force avec laquelle les fibres ou les molécules d'un corps résistent à la séparation, et que nous devons en dernière
analyse attribuer à cette cause inconnue que nous
avons l'usage de désigner sous le nom d'*attraction
moléculaire*.

La cohésion directe des bois est évidemment proportionnelle au nombre des fibres ou à l'aire de la
section transversale, les bois étant supposés homogènes.

Cette espèce de résistance considérée quant à son
action mécanique, est la plus simple des quatre que
nous avons indiquées plus haut; mais elle est en
même temps la plus difficile à soumettre à l'expérience, à cause des forces considérables, qui sont
nécessaires pour produire la rupture, lors même
que les pièces de bois ont de faibles dimensions.
M. Barlow ayant remarqué le peu d'accord qu'on
trouve entre les résultats des recherches faites avant
lui, n'a négligé aucune précaution pour écarter tous
les doutes sur l'exactitude de ses propres expériences.

3. Il résulte d'un grand nombre de ces expériences faites avec le soin le plus minutieux, que la force de cohésion directe par centimètre carré, est en kilogrammes pour les bois indiqués dans la table suivante,

SAVOIR :

NOMS DES BOIS.	PESANTEUR spécifique.	COHÉSION directe.
Buis	980.	1400.
Frêne	600.	1200.
Thek, *vulgairement Chêne du Malabar.* .	860.	1050.
Sapin	600.	840.
Hêtre	700.	800.
Chêne	845.	700.
Poirier.	646.	690.
Acajou.	637.	560.

Dans quelques expériences, les fibres, au lieu de se rompre, ont glissé les unes contre les autres, de sorte qu'on a pu conclure de cette circonstance particulière la résistance de l'adhérence latérale des fibres du sapin qu'on a trouvé être de 42 kilogrammes par centimètre carré.

4. *Règle pratique.* Pour obtenir la force de cohésion directe d'une pièce de bois de dimensions données , il suffit de multiplier la surface de la sec-

tion transversale en centimètres carrés , par le nombre correspondant , dans la table qui précède, à la nature du bois qu'on veut employer.

Exemple. On demande quel sera le poids nécessaire pour rompre une pièce de sapin de 10 centimètres d'équarrissage?

La surface de la section est de . 100. cent. carrés.

La valeur de la cohésion directe
du sapin est de . . . . 840. kilog⁰ˢ.

Le poids cherché sera donc

de 100 × 840 = ... 84000. kilog⁰⁰.

On obtient ainsi la force absolue des fibres, c'est-à-dire le poids , qui peut les séparer ; mais si on veut connaître le poids qui peut être supporté sans inconvénient, on ne doit prendre que les deux tiers de la valeur trouvée ci-dessus, ou peut-être la moitié seulement, quoique dans un grand nombre d'expériences, on ait laissé les $\frac{3}{4}$ du poids total pendant plusieurs jours sans apercevoir le moindre changement dans l'état des fibres ou la plus légère diminution dans leur force au moment de la rupture.

5. On peut conclure d'un grand nombre d'expériences et d'observations faites par divers auteurs;

1° Que la force de cohésion directe des bois de même nature augmente avec leur pesanteur spécifique.

2° Que la densité d'un arbre qui croît dans un terrain sec et convenable, surpasse souvent celle d'un arbre semblable, qui s'élève sur un sol marécageux, dans le rapport de 7 à 5, et que les poids que ces arbres peuvent supporter sont à peu près comme 5 est à 4.

3° Que dans les arbres sains, qui sont encore en crue, la densité du pied est dans quelques cas à celle du haut de la tige dans le rapport de 4 à 3, et la densité du centre à celle de la circonférence dans le rapport de 7 à 5.

4° Que le contraire a lieu dans les arbres qui sont sur le retour, c'est-à-dire, qu'alors le pied peut être plus léger que la tête, et le centre plus que la partie comprise immédiatement sous l'écorce.

5° Que le chêne, en séchant convenablement avant d'être mis en œuvre, perd au moins un tiers de son poids primitif; et que ce résultat est obtenu beaucoup plus promptement, lorsque le bois est exposé à la vapeur ou dans l'eau bouillante.

CHAPITRE DEUXIÈME.

DE LA RÉSISTANCE DES BOIS SOUMIS A UN EFFORT TRANSVERSAL.

———

6. Dans le chapitre précédent, l'action mécanique étant assez simple pour ne point exiger de développemens théoriques, il a suffi de rapporter les résultats des expériences faites pour déterminer la cohésion directe des différentes espèces de bois. Il ne pouvait y avoir de doute que la résistance ne fût proportionnelle au nombre des fibres ligneuses, et par conséquent à la surface de la section de rupture.

Dans le cas que nous examinons à présent, la force, au lieu d'être appliquée dans la direction même des fibres, ne peut agir sur elles qu'à l'aide de divers agens mécaniques, particulièrement du levier ; et l'action de cette force dépend encore du rapport que présentent les fibres à la compression et à l'extension.

Il n'est donc pas étonnant que les différens auteurs qui ont traité cette question, aient admis des hypothèses différentes et obtenu des résultats contradictoires.

Sans nous arrêter aux théories données successivement par Galilée, Leibnitz, Mariotte, Bernouilli,
Euler et La Grange, nous nous bornerons à indiquer les résultats confirmés par l'expérience.

7. La résistance des bois soumis à un effort transversal a donné lieu à deux questions parfaitement
distinctes :

1° Connaissant la position d'une pièce de bois, ses
dimensions et sa nature, trouver le poids qui peut
la faire rompre.

2° Avec les mêmes données, trouver les flèches
de courbure que prend une pièce chargée de différens poids.

Nous examinerons successivement chacune de
ces questions.

SECTION PREMIERE.

DE LA RÉSISTANCE DES BOIS A LA RUPTURE.

§ 1. Solides prismatiques dont la base est un rectangle.

*De la résistance à la rupture considérée dans ses rapports avec la lon-
gueur et la position des bois.*

8. Nous considérerons d'abord des pièces de
bois d'une forme prismatique à base rectangulaire,
qui seraient rompues dans une de leurs sections
transversales. Soit une pièce de bois A C F I (fig. 1)
encastrée à l'une de ses extrémités dans un mur
solide, et chargée à l'autre d'un poids P. Cette pièce,

avant de rompre, fléchira suivant une direction oblique curviligne A D F ; mais, en supposant, pour plus de simplicité, que la pièce A C F I soit partout inflexible, excepté dans la section de rupture A C, la courbe se réduira à la ligne droite A F.

9. Galilée et Leibnitz s'accordent dans leurs hypothèses pour admettre que la pièce A C F I dans son mouvement de flexion tourne autour de l'arête inférieure de la section de rupture ; mais un grand nombre d'expériences qui prouvent que cette supposition n'est pas exacte, font voir en même temps que le mouvement de rotation, au lieu de se faire ainsi, s'exécute autour d'une certaine ligne comprise dans l'intérieur de la base de fracture ; et alors les fibres, qui se trouvent au-dessus de cette ligne, sont exposées à la tension, et celles au-dessous à la compression, tandis que les fibres comprises dans le plan horizontal passant par cette ligne, ne sont ni étendues ni comprimées, et, cette ligne, pour cette raison, peut être appelée *l'axe neutre de rotation.*

La pièce A C F I tournera ainsi autour de l'axe neutre n.

Maintenant, la force qui tend à produire ce mouvement, est évidemment le poids P multiplié par la longueur du levier B F, ou P l, l représentant la longueur de la pièce de bois ; et la force qui s'oppose à ce mouvement est la résistance de toutes les fibres en na à la compression, plus la résistance de celles en nb à l'extension ; et la somme de ces deux forces, au moment de la rupture, doit nécessairement être en équilibre avec la première P l.

Notre but, en ce moment, n'étant pas de considérer la nature des forces qui résistent, mais bien
celle de la force agissante, nous aurons en désignant
les premières par F,

$$F = P\,l. \quad (^1)$$

Lorsqu'une pièce de bois, au lieu d'être encastrée à l'une de ses extrémités, repose seulement sur
un appui en son milieu, sa longueur étant supposée double de ce qu'elle était dans le premier cas,
l'effet produit est le même, si la pièce est chargée
d'un poids P à chaque extrémité ; c'est-à-dire qu'en
supposant la pièce F F′, (fig. 2), d'une longueur
double de AF, (fig. 1), et les deux poids P, P′
égaux au premier poids P, la tension de la fibre
A b sera la même dans les deux cas, et l'expression
de la résistance trouvée plus haut pourra être employée en changeant l en $\frac{1}{2}\,l$, de sorte que nous
aurons,

$$F = \tfrac{1}{2} P\,l. \quad (^2)$$

l représentant toujours la longueur de la pièce, et
P le poids suspendu à chaque extrémité.

---

(1) Nous avons supposé que la longueur du levier était la longueur même de la pièce ; mais il est facile de voir que la pièce
étant fléchie au moment de la rupture, la longueur du levier est
alors réellement $n\,F \times \cos.\ n\,F\,B$. Considérant que l'épaisseur
des pièces de bois est ordinairement très-petite en comparaison
de leur longueur, nous pourrons sans erreur sensible supposer
$n\,F = l$ et cos. $n\,F\,D = \cos.\ H\,A\,F = \cos.\ \alpha$, α indiquant l'angle
de flexion de la pièce au moment de la rupture, et nous aurons
assez exactement $F = P\,l\,\cos.\ \alpha$.

(2) Ou plus exactement $F = \tfrac{1}{2} P\,l\,\cos.\ \alpha$.

Cette manière d'agir des poids est analogue à celle qu'on remarque, lorsqu'une corde chargée à chaque extrémité d'un poids égal, passe sur une poulie, cette corde éprouvant la même tension, qu'une corde fixe chargée d'un seul poids.

10. Maintenant une pièce de bois reposant sur un appui en son milieu, et sollicitée par les deux poids égaux P, P', (fig. 2), doit être considérée dans le même état, eu égard à la force qui agit sur elle, qu'une pièce FF' (fig. 3) de même longueur reposant sur deux appuis F, F', et chargée en son milieu d'un double poids Q, l'expression de la résistance deviendra donc dans ce cas

$$F = \tfrac{1}{4} \, Q \, l. \, (^1)$$

l représentant encore la longueur, et Q le poids

---

(1) La résistance n'est pas rigoureusement la même dans les deux pièces FF', (fig. 2) et FF', (fig. 3). D'abord il est évident que la résistance des appuis ne réagit pas dans une direction parallèle au poids vertical Q (fig. 3), mais perpendiculairement aux bras des leviers Fn et F'n, et que par conséquent la pièce est tenue en équilibre par les trois forces Fo, F'o et Ro. La réaction d'un des appuis, en observant que l'angle FOC $=$ DF$n = \alpha$, sera donc

$$\frac{Q}{2 \cos. \alpha.}$$

et en conservant nos premières dénominations, et nous rappelant que P $= \tfrac{1}{2}$Q, nous aurons

$$F = \frac{P\,l}{\cos. \alpha} = \frac{Q\,l}{4 \cos. \alpha}$$

Ceci suppose que les bras des leviers Fn et F'n restent de la même longueur, ce qui est évidemment faux; car les supports suspendu au milieu, qui est double de chacun des poids P suspendus aux extrémités de la pièce posée sur un seul appui.

11. Cherchons maintenant à déterminer l'effort sur le milieu d'une pièce chargée à ce point, et encastrée à ses deux extrémités.

Ici, il est évident que le poids tout entier n'est pas employé à produire l'effort et par conséquent la rupture de la section du milieu, une partie devant produire l'effort et la flexion aux points d'encastrement; en conséquence, au poids nécessaire pour produire la rupture, dans une pièce seulement posée sur deux appuis, il faut ajouter, quand la pièce est encastrée aux deux extrémités, le poids nécessaire pour fléchir les deux demi longueurs au même degré; mais nous verrons qu'il faut pour produire une certaine flexion dans une pièce supportée à chaque extrémité, quatre fois le poids, qui est employé à produire la même flexion dans une pièce d'une longueur moitié moindre encastrée par l'une

---

étant fixes, ces leviers, soit par l'allongement des fibres, soit par le glissement de la pièce entre les points d'appui, deviennent de plus en plus grands, à mesure que la pièce descend, et la longueur du levier est ainsi à la demi-distance des appuis comme 1 est à cos. a; conséquemment, l'action sous ce point de vue est encore augmentée dans le rapport de

$$\frac{1}{\cos. a};$$

et en introduisant cette considération, notre première expression devient

$$F = \frac{Q\,l.}{4\cos^2. \alpha} = \frac{Q\,l \sec. 2\,\alpha.}{4.}$$

de ses extrémités. En conséquence, si nous supposons le poids Q (fig. 4) pour un moment, divisé en six
parties égales; quatre seront employées à produire
la flexion au milieu et une des deux restantes à produire la flexion à chaque point d'encastrement;
$\frac{2}{3}$ seulement du poids entier seront ainsi employés à
produire la flexion du centre.

L'effort sur une pièce encastrée à chaque extrémité est donc à l'effort exercé par le même poids
sur la même pièce simplement posée sur deux appuis, comme 2 est à 3, et en conséquence les poids
nécessaires pour produire la rupture seront dans
le rapport de 3 à 2;

Notre formule deviendra dans ce cas,

$$F = \tfrac{1}{6} Q l \ (^1)$$

Toutes les théories admises jusqu'à ce jour ont
donné le rapport de 4 à 2; et la pièce était supposée également exposée à rompre aux extrémités
et dans le milieu; mais la simple inspection de la
fig. 4, et le recours aux expériences suffisent pour
montrer l'erreur d'une telle hypothèse; en effet, à
chaque expérience, après la rupture au milieu, les
fragmens avaient éprouvé si peu d'efforts aux points
d'encastrement, qu'ils recouvraient immédiatement
leur forme rectiligne.

Si la pièce au lieu d'être fixée à chaque extrémité,
était simplement posée sur deux appuis, et pro-
longée de chaque côté de la moitié de leur distance;
et si les poids P, P', (fig. 5) étaient suspendus aux

---

(1) Ou plus exactement $F = \tfrac{4}{6} Q l \sec.^2 \alpha$.

points extrêmes, chacun de ces poids étant égal au quart du poids Q, celui-ci serait alors double de celui qui produirait la rupture dans le cas ordinaire; car divisant le poids Q en quatre parties égales, nous pouvons concevoir deux de ces parties employées à produire l'effort de rupture en E, et une de chacune des autres parties agissant en opposition à P et P′, et tendant ainsi à produire la rupture aux points F et F′.

C'est ce cas qu'on a mal à propos confondu avec le premier; mais la différence entr'eux est assez sensible ; car ici les tensions des fibres, aux points où les efforts agissent, sont toutes égales; tandis que, dans le premier cas, elles étaient doubles au milieu de celles aux deux extrémités.

12. Lorsque le poids, qui agit sur une pièce posée sur deux appuis, n'est plus au centre, mais à un point qui divise la longueur totale l en deux parties m et n, on obtient la relation

$$F = \frac{Q\,m\,n}{l},$$

qui exprime, que l'effort varie comme le rectangle des deux parties, dans lesquelles la pièce est divisée par le point de suspension; cet effort est ainsi le plus grand possible, quand le poids est au centre.

13. Si une pièce de bois est chargée d'un poids reparti uniformément sur toute sa longueur, l'effort exercé est moitié moindre que si le poids était reuni au centre, et l'expression de la résistance devient alors,

$$F = \tfrac{1}{8}\,Q\,l \;(\text{voyez la note 1.})$$

pour une pièce supportée sur deux appuis. Ainsi
lorsqu'on veut tenir compte du poids de la pièce
même soumise à l'expérience, il faut ajouter la
moitié de ce poids à celui qui est placé au centre
de la pièce pour la faire rompre, et si l'on appelle
p le poids de cette pièce, on aura pour l'expression de la résistance,

$$F = \tfrac{1}{4} \left(Q + \tfrac{1}{2} p \right) l.$$

14. Lorsqu'une pièce de bois A C F I ou A'C'F'I'
(fig. 6) est encastrée obliquement dans un mur,
qu'elle soit inclinée en bas comme la première ou
en haut comme la seconde, la puissance exercée
par les poids égaux P, P' sera P l cos. I (**1**), I étant
l'angle d'inclinaison.

*De la résistance à la rupture considérée dans ses rapports avec la largeur
et l'épaisseur des bois.*

15. Jusqu'à présent, nous avons considéré la
force à laquelle était soumise une pièce de bois chargée, à un point quelconque, d'un poids donné, sans
avoir aucun égard à la résistance qu'elle présentait.
Cette résistance dépend évidemment de la forme de
la section de la pièce au point de rupture ; et toutes
les théories et toutes les expériences font voir que
la résistance varie dans les pièces à base rectangulaire comme la largeur et le carré de l'épaisseur.

(**1**) En tenant compte de la flexion, cette expression devient
P l cos. (I $+$ a) dans le premier cas ; et P l cos. (I $-$ a) dans
le second cas.

D'abord, que la résistance varie comme la largeur, ceci est évident, parce que, quelle que soit la résistance que présente une pièce donnée à la rupture, deux, trois ou un plus grand nombre de ces pièces offriront deux, trois ou autant de fois plus de résistance, et c'est la même chose que si on avait une pièce de deux, trois ou autant de fois plus de largeur.

Quant à l'épaisseur, la résistance sera en premier lieu comme le nombre des fibres, c'est-à-dire comme l'épaisseur; et en second lieu, elle variera comme la longueur du levier avec lequel elle agira; c'est-à-dire comme la distance des différentes fibres à l'axe neutre autour duquel tourne la pièce; ce qui est évidemment encore comme l'épaisseur, et en combinant ces deux causes, la résistance variera comme le carré de l'épaisseur.

Ainsi généralement la résistance opposée à la rupture par les bois rectangulaires, sera comme le produit de la largeur par le carré de l'épaisseur.

Si donc nous représentons la largeur d'une pièce de bois donnée par a, son épaisseur par d et sa longueur par l; toutes ces mesures étant exprimées en centimètres; si nous appelons en outre P le poids en kilogrommes nécessaire pour rompre cette pièce, et S la résistance d'une tringle de bois de même nature d'un centimètre carré, ad^2 S représentera la résistance de la pièce donnée. Maintenant au moment de la rupture, il y aura équilibre entre la puissance et la résistance, et de là nous obtiendrons les équations suivantes, savoir :

2.

1° *Quand la pièce de bois est encastrée à l'une de ses extrémités et chargée à l'autre,*

$$P\,l = ad^2 S, \text{ ou } \frac{P\,l}{ad^2} = S, \text{ quantité constante.}$$

2° *Quand la pièce est supportée à chaque extrémité, et chargée en son milieu.*

(1) $\frac{1}{4} P\,l \; ad^2 \; S$, ou $\dfrac{P\,l}{4\,ad^2} = S$, même quantité constante.

---

(1) On peut conclure de la formule

$$\tfrac{1}{4} P\,l = ad^2 S$$

que les poids, qui peuvent faire rompre deux pièces de même équarrissage varient en raison inverse de leurs longueurs.

Les expériences de Buffon semblent prouver que ces poids décroissent plus vite que dans le rapport des longueurs. M. Barlow observe à ce sujet, que la théorie ne donne pas positivement le rapport des longueurs, mais bien le rapport des longueurs multipliées par le carré des sécantes des angles de flexion (art. 10) lesquelles augmentent avec les longueurs. Cette considération qui fait voir que réellement les poids qui peuvent faire rompre les pièces doivent décroître plus rapidement que les longueurs, ne suffit cependant pas pour concilier entièrement la théorie avec les expériences de Buffon.

En comparant les deux formules,

$$P\,l = ad^2 S \text{ et } \tfrac{1}{4} P\,l = ad^2 S.$$

dont la première est applicable aux bois encastrés par l'une de leurs extrémités, et dont l'autre convient aux bois posés sur deux appuis, on voit que si on suppose toutes les dimensions des deux pièces parfaitement égales, le poids qui pourra faire rompre la première pièce sera le quart de celui qui pourra faire rompre la seconde.

Quelques expériences de Parent, insérées dans les mémoires de l'académie pour les années 1707 et 1708, indiquent que le

3° *Quand la pièce est encastrée à chaque extrémité et chargée en son milieu.*

$$\tfrac{1}{6} \, P \, l = ad^2 \, S; \quad \frac{P \, l}{6 \, ad^2} = S.$$

4° *Quand la pièce, dans l'un ou l'autre des deux derniers cas, est chargée à un autre point qu'au centre.*

$$\frac{P \, m \, n}{l} = ad^2 \, S; \quad \frac{P \, m \, n}{l \, ad^2} = S$$

$$\frac{2 \, P \, m \, n}{3 \, l} = ad^2 \, S; \quad \frac{2 \, P \, m \, n}{3 \, l \, ad^2} = S.$$

5° *Quand le poids, au lieu d'être réuni au milieu, est uniformément réparti sur la longueur de la pièce, l'effort exercé alors diminue de moitié, et les équations deviennent pour les trois premiers cas,*

$$\frac{P \, l}{2 \, ad^2} = S; \quad \frac{P \, l}{8 \, ad^2} = S \text{ et } \frac{P \, l}{12 \, ad^2} = S.$$

6° *Enfin, lorsqu'on veut tenir compte du poids de la pièce de bois chargée d'un poids* P *, on trouve pour les trois premiers cas,*

$$\frac{(P + \tfrac{1}{2}p) \, l}{ad^2} = S; \quad \frac{(P + \tfrac{1}{2}p) \, l}{4 \, ad^2} = S. \text{ et } \frac{(P + \tfrac{1}{2}p) \, l}{6 \, ad^2} = S.$$

p représentant le poids même de la pièce.

---

rapport des poids qui produisent la rupture, devrait être dans ces deux cas celui de 1 à 3. Mais il faut observer ici, qu'en tenant compte des angles de flexion, on a pour le rapport de ces deux poids $\frac{1}{4 \cos^2 a}$: cos *a*, ou 1 : 4 cos.³ *a* (art. 9 et art. 10) rapport qui peut approcher de celui de 1 à 3, lorsque l'angle est très-grand, et qui même lui devient égal, lorsque *a* = 24° — 42′. Du reste, Parent ne donnant ni les longueurs, ni les angles de flexion des pièces qu'il a soumises à l'expérience, il est impossible de vérifier ce rapport.

16. Tous ces résultats ont été confirmés en France par les nombreuses expériences de Parent, de Bélidor et de Buffon, et en Angleterre par celles de M. Barlow.

C'est à l'aide de ces expériences qu'on a calculé la valeur de la constante S pour les différentes natures de bois, dont nous présentons ici le tableau.

NOMS DES BOIS.	PESANTEUR spécifique.	VALEUR DE S.
Thék	745.	173.
Calaba, ou *Ponna de la Côte du Malabar.*	579.	156.
Frêne.	760.	142.
Chêne du Canada	872.	124.
Chêne.	934.	117.
Chêne de Dantzick.	756.	102.
Id. de l'Adriatique.	610.	97.
Sapin pesse, ou de Norvège	660.	115.
Pin rouge, ou d'Écosse	657.	94.
Pin blanc, ou de la nouvelle Angleterre.	553.	77.
Pin du Nord, ou de Riga.	745.	76.
Hêtre	696.	109.
Orme.	553.	71.
Mélèze	543.	70.

Quelques-unes des expériences de M. Barlow ont
eu pour but de déterminer la relation qui pouvait
exister entre la résistance à la rupture, et la pesanteur spécifique pour des bois de même nature. Elle
ont été faites avec des barreaux de sapin, qui avaient
été le même temps en magasin, et dont la pesanteur spécifique différait beaucoup. M. Barlow a
trouvé ainsi que les résistances variaient proportionnellement aux pésanteurs spécifiques.

*SOLUTION de quelques problêmes de pratique, fondée sur les données
de la table qui précède.*

1er PROBLÊME.

17. *Trouver le poids qui doit faire rompre une pièce
rectangulaire encastrée à l'une de ses extrémités et
chargée à l'autre.*

Régle. Multipliez la valeur de S dans le tableau
précédent par la largeur de la pièce et par le carré
de son épaisseur; divisez ce produit par la longueur,
et le quotient sera le poids cherché.

Note. *Si la pesanteur spécifique de la pièce de bois
n'est pas la même que la pesanteur spécifique du tableau, la valeur de S devra être changée dans le même
rapport.*

Ex. 1. Quel poids faudra-t-il employer pour
rompre une pièce de pin du nord, encastrée à une
extrémité et chargée à l'autre; sa largeur étant de
5 centimètres, son épaisseur de 7 centimètres et sa
longueur de 120 centimètres?

Pour le pin du nord , la valeur de S est de 76

$$ad^2 = 5 \times 7^2 = 245$$

$$ad^2 \times S = 245 \times 76 = 18620.$$

Le poids cherché $= \dfrac{ad^2 \times S}{l} = \dfrac{18620}{120} = 155$ kilog^{es}.

Ex. 2. Une pièce de frêne de 5 centimètres d'équarrissage et de 180 centimètres de longueur, étant encastrée dans un mur ; quel sera le poids qui uniformément distribué sur sa longueur pourra la faire rompre ?

Note. *Quand une pièce est uniformément chargée sur sa longueur , il faut, pour appliquer la règle donnée ci-dessus , doubler le résultat.*

Pour le frêne. . . . . S = 142

$$ad^2 = 5 \times 5^2 = 125$$

$$ad^2 \times S = 142 \times 125 = 17750$$

$$\frac{ad^2 \times S}{l} = \frac{17750}{180} = 98,50$$

Le poids cherché sera $2 \times 98,50 = 197.$ kilog^{es}.

Ex. 3. Une pièce de chêne de 120 centimètres de longueur encastrée à une extrémité, a été rompue par un poids de 450 kilogrammes, suspendu à son autre extrémité. En supposant la pièce carrée, on demande quel était le côté du carré de la section ?

L'équation $\dfrac{S\,ad^2}{l} = P$ *devient* $\dfrac{S\,a^3}{l} = P$, quand la largeur est égale à l'épaisseur. On tire de là

$$a = \sqrt[3]{\frac{\mathrm{P}\,l}{\mathrm{S},}} \text{ on } a = \sqrt[3]{\frac{120 \times 450}{117.}} = 7^{\text{cent}}, 73; \text{ côté}$$

du carré cherché.

IIème PROBLÊME.

18. *Trouver le poids nécessaire pour rompre une pièce de bois rectangulaire, supportée à ses deux extrémités, et chargée en son milieu.*

Règle. Multipliez la valeur de S dans la table par quatre fois la largeur de la pièce et par le carré de son épaisseur, divisez ce produit par la longueur pour avoir le poids cherché.

Ex. Quel poids faudra-t-il employer pour rompre une pièce de mélèze, de 250 centimètres de longueur, de 20 centimètres de largeur et de 25 centimètres de hauteur; la pièce étant supportée à chaque extrémité et chargée au milieu?

$$\textit{Pour le mélèze.} \dots \dots \mathrm{S} = \quad 70.$$
$$4\,ad^2 = 4 \times 20 \times 25^2 = \quad 50000.$$
$$4\,ad^2 \times \mathrm{S} = 50000 \times 70 = \overline{3500000.}$$
$$\textit{Le poids cherché } \frac{4\,ad^2 \times \mathrm{S}}{l} = \frac{3500000}{250} = 14000 \text{ kil.}$$

Notes. 1. *Quand la pièce est chargée uniformément suivant sa longueur, la même règle est applicable en doublant le résultat.*

2. *Si la pièce était encastrée à chaque extrémité, et chargée en son milieu, le résultat obtenu par la règle du 2ᵉ problême, devrait être multiplié par $\frac{3}{2}$.*

3. *Si la pièce était encastrée à ses deux extrémités, et chargée uniformément sur sa longueur, il faudrait multiplier le même résultat par* 3.

De sorte que, dans ces différentes circonstances, les poids qui causent la rupture, sont :

Pour des pièces supportées et chargées au centre — 1
Id.   et chargées sur toute leur longueur — 2
Pour des pièces encastrées et chargées au centre — $\frac{2}{3}$
Id.   et chargées sur toute leur longueur — 3

(comme)

IIIe PROBLÊME.

19. *Trouver la forme qui doit être donnée à une pièce de bois pour qu'elle présente partout une égale résistance ; c'est-à-dire pour qu'elle soit susceptible d'être rompue également en un point quelconque de sa longueur.*

Nous avons vu, au commencement de ce chapitre, que l'effort exercé sur un point quelconque d'une pièce de bois rectangulaire soumise à une force transversale, était proportionnel à la distance de ce point au point d'application de la force; et nous avons vu aussi que la résistance à la rupture était, dans ce cas, proportionnelle à la largeur de la pièce, et au carré de son épaisseur; de sorte que, si l'on veut que le rapport entre la force agissante, qui varie comme x, ou comme la distance du point d'application de cette force, et la résistance qui varie comme ad^2 puisse être constant, on doit avoir

$$ad^2 : x :: m : n.$$

proportion, dans laquelle $m : n$ indique un rapport constant et déterminé.

Cette égalité de rapports peut avoir lieu d'un grand nombre de manières; par exemple,

1° Nous pouvons supposer d constant, et faire varier a dans le rapport de x : dans ce cas, la pièce de bois aura partout même épaisseur; mais sa section horizontale sera celle d'un triangle ayant sa base dans le mur, et son sommet au point de l'application de la force : ou, si la pièce était portée sur deux appuis, et le poids appliqué au milieu, la section présenterait une figure composée de deux triangles, dont les deux bases coïncideraient au centre de la pièce, et dont les deux sommets se trouveraient aux points d'appui.

2° Nous pouvons supposer a constant, et faire varier d^2 dans le rapport de x; dans ce cas, la section verticale de la pièce est une parabole, ayant son sommet au point d'application du poids, et ses deux branches fixées dans le mur; ou si la pièce était supportée aux deux extrémités, la figure serait double et les deux sommets des paraboles se trouveraient aux points d'appui.

Si nous introduisions dans nos recherches quelques considérations relatives au poids de la pièce elle-même; ou si nous supposions que la pièce fût uniformément chargée dans sa longueur, ou que les poids fussent distribués suivant une loi donnée, nous pourrions sans doute nous proposer une classe nombreuse de problêmes qui seraient de quelqu'intérêt pour les amateurs d'analyse; mais je ne suppose pas qu'ils puissent être de la moindre utilité pour les constructeurs; et comme c'est à ces derniers que cet essai s'adresse, nous n'entrerons pas dans de nouveaux détails à ce sujet.

Note. La solution de ce problême peut être fort utile, lorsqu'on veut établir des constructions en fonte : cette matière pouvant recevoir toutes les formes déterminées, il y a une grande économie à lui donner la figure d'un solide d'égale résistance. Mais dans les constructions en bois, loin de trouver quelqu'avantage à donner cette figure aux pièces qu'on emploie, on en diminue- rait sensiblement la résistance, en divisant les fibres dont la continuité fait la principale force des bois.

§ 2. Solides prismatiques dont la base n'est point un rectangle.

De la position de l'axe neutre de rotation, et des centres de tension et de compression.

20. Nous n'avons considéré, dans ce qui précède, que la résistance à la rupture des pièces de bois, dont la base était un rectangle. Pour déterminer cette même résistance dans les pièces dont la section présente une figure différente, il est indispensable de connaître la position de *l'axe neutre de rotation.* Nous avons déjà eu l'occasion de remarquer, que lorsqu'une pièce de bois est soumise à un effort transversal, qu'elle soit supportée à ses deux extré- mités et chargée au milieu, ou qu'elle soit encas- trée à une extrémité et chargée à l'autre, elle ne tourne point autour de l'arête supérieure ou infé- rieure de la base de fracture, mais bien autour d'une ligne comprise dans cette section; ligne que nous avons appelée *axe neutre de rotation.*

Dans le cas où la pièce est posée sur deux appuis,

toutes les fibres placées au-dessous de l'axe neutre
sont soumises à la tension, et celles placées au-dessus
à la compression.

Il est évident que les fibres soumises à la tension
sont de plus en plus étendues, à mesure qu'elles
s'éloignent davantage de l'axe neutre. Les fibres
soumises à la compression sont dans le même cas,
et quelle que puisse être la loi des forces nécessaires
pour produire ces différens degrés de tension ou de
compression, ou quelle que puisse être la loi des résistances qu'ils offrent après avoir été produits, il
doit y avoir au-dessous de l'axe neutre un point
tel que si toutes les résistances à la tension y étaient
réunies, et au-dessus du même axe, un autre point
tel que si toutes les résistances à la compression
y étaient rassemblées, les momens de ces forces
agissant ensemble dans ces points pourraient remplacer l'effet des forces, qui agissent réellement
dans l'opération que nous étudions ; et ce sont ces
points que nous appellerons centres de *tension et de
compression* dont nous allons chercher la position,
ainsi que celle *de l'axe neutre de rotation.*

24. Les expériences peuvent seules nous guider
pour déterminer la situation de l'axe neutre ; et
elles semblent indiquer, que, dans les pièces de bois
de sapin à base rectangulaire, cet axe se trouve
aux $\frac{5}{8}$ de l'épaisseur de la base de fracture, quand
la pièce est supportée sur deux appuis ; ou aux $\frac{8}{5}$,
quand la pièce est encastrée à l'une de ses extrémités ; c'est-à-dire que dans les deux cas, le nombre des fibres exposées à la compression est à celui
des fibres exposées à la tension comme 5 est à 3.

22. L'opération mécanique de la rupture dans le cas d'une pièce de sapin encastrée peut être considérée comme il est indiqué dans la *fig.* 7, où n est l'axe neutre, t le centre de tension, c le centre de compression, v un poids égal à la tension de toutes les fibres en $A\,n$, et v' un poids égal à toutes les résistances à la compression en $n\,c$. Ces poids et leurs distances à l'axe neutre doivent être tels qu'on ait la relation $v \times nt = v' \times nc$; car c'est cette égalité qui détermine la position du point n, et la somme de ces deux quantités, doit être égale a $P \times Nn$, P étant le poids nécessaire pour produire la rupture; c'est-a-dire, que lorsque les trois forces v, v' et P, sont en équilibre, nous avons, en désignant par l la longueur de la pièce, $P \times l = v \times nt + v' \times nc = 2\,v \times nt.$

Le poids v dépend évidemment de la force de cohésion directe des fibres, et le centre t de la loi de la tension. Nous pouvons donc faire $v = fa$, f étant la force de cohésion directe sur l'unité de surface, et a l'aire de la tension. Quant à la position du point t, un grand nombre d'expériences, dont nous rapporterons quelques-unes ci-dessous, semblent prouver que ce point coïncide avec le centre de gravité de la surface de tension.

23. D'après ces expériences, une pièce de 24 [1] pouces de longueur, et de 2 pouces d'équarrissage, encastrée à l'une de ses extrémités, a rompu sous le poids de 558 livres, la force de cohésion étant de 13000 livres par pouce carré, et l'axe neutre se trouvant aux $\frac{3}{8}$ de l'épaisseur.

---

[1] Toutes les dimensions indiquées ici sont en mesures anglaises.

Avec ces données on peut trouver la position du centre de tension.

En considérant la fig. 7, nous verrons que $nA = \frac{3}{8} AG = \frac{3}{4}$ de pouce, et, que $a = 2 \times \frac{3}{4} = \frac{3}{2}$ pouces-carrés.

En conséquence $af = \frac{3}{2} \times 13000 = 19500$; le poids $P = 558$ livres; $l = 24$ pouces; d'ou $P \times l = 558 \times 24 = 13392$: faisant $nt = x$, nous aurons,

$$2 \times 19500\, x = 13392 \text{, d'où}$$

$$x = \frac{13392}{39000} \text{, et } \frac{x}{nA} = \frac{4}{3} \times \frac{13392}{39000} = 0,458.$$

Ce nombre 0,458 approche beaucoup de $\frac{1}{2}$, et permet de supposer $nt = \frac{1}{2} nA$, ce qui fait voir que le centre de tension coïncide avec le centre de gravité.

24. Une pièce triangulaire présente un nouveau moyen de vérification; suivant notre hypothèse, le centre de tension, quand le sommet de la pièce est soumis à cette force, doit se trouver au tiers de la perpendiculaire abaissée sur la base. Voyons l'expérience;

La même pièce de sapin, dont nous venons de parler (art. 23), ayant été taillée de manière à présenter pour section un triangle équilatéral de 2 pouces de côté, a été encastrée à l'une de ses extrémités, le sommet en haut; sa longueur était de 12 pouces, et le poids qui l'a fait rompre de 370 livres; l'épaisseur de la compression a été observée de $\frac{1}{4}$ de pouce.

Soit A B C (fig. 8) la base de fracture, nous avons $AB = 2$, $nD = 0,75$, $CD = 1,732$, et $nc = 1,732 - 0,75 = 0,982$.

$$a = 0,55673 ; \text{ d'où } af = 0,55673 \times 1300 = 7237.$$
$$l = 12, P = 370 \text{ d'où}$$
$$2 \times 7237 \times nt = 12 \times 370 ; nt = \frac{4440}{14474}.$$

$$\text{et } \frac{nt}{nc} = \frac{4440}{14474 \times 0,982} = 0,312$$

à peu près un tiers conformément à notre hypo-thèse.

25. La même pièce, étant placée le sommet en bas, a été rompue par un poids de 313 livres, et l'axe neutre était à 0,45 de pouce de la base, cette distance étant comptée sur le côté du triangle. Ainsi (fig. 9) $AN = 0.45$, $cN = 1,55$, $a = 0,6918$; $Dn = 0,3892$; $af = 0,6918 \times 13000 = 8073$; $l = 12$, $P = 313$; d'où $nt = 0,208$.

La distance du centre de gravité de la surface ABNN à l'axe neutre NN est $\frac{1}{3} \times CD \times \dfrac{NN + 2AB}{NN + AB} = 0,203$; quantité qui ne diffère que de $0,005$ de celle que nous venons de trouver.

26. Il ne peut y avoir de doute maintenant, quelque difficile qu'il soit d'expliquer cette circonstance par des raisons physiques, que le centre de gravité et que le centre de tension ne soient dans le même point, ou dans des points extrêmement rapprochés; ce qui semblerait exiger que la tension des fibres fût la même pour chaque degré d'extension et parfaitement indépendante de la quantité de cette extension, ainsi que le supposait Galilée.

L'hypothèse de Leibnitz, qui admet que la tension doit augmenter comme la quantité de l'extension, semble cependant plus plausible; mais il faut

observer, que cette hypothèse est fondée sur la supposition d'une élasticité parfaite ; or il est évident
que, dans tous les corps que nous connaissons , et
particulièrement dans le bois , si la résistance à la
tension croît d'abord comme la force qui la cause,
bientôt la force augmentant au-delà d'un certain
degré, produit une diminution dans la réaction des
fibres; ainsi quand la fibre bA (fig. 1.) est étendue
au point que sa réaction soit au maximum , toutes
les autres fibres entre bA et n sont encore loin de
cette valeur extrême; mais lorsque le poids augmente , les fibres situées au-dessous de bA arrivent
au maximum, tandis que la réaction de la fibre
bA doit diminuer ; et, le poids augmentant encore,
les autres fibres parviennent successivement à leur
maximum de réaction, tandis que la résistance de
celles qui sont situées au-dessus diminuent cons-
tamment.

Nous pouvons admettre que , jusqu'à ce que les
fibres aient atteint leur maximum , la loi de réaction
doit avoir lieu conformément à l'hypothèse d'une
élasticité parfaite ; mais nous ne pouvons connaître
la loi suivant laquelle diminue la résistance des fibres , lorsqu'elles ont été excitées au-delà du maximum. Le point essentiel dans cette discussion , est
d'établir que cette diminution a lieu , et qu'en conséquence, la rupture de la pièce de bois ne doit pas
avoir lieu , immédiatement après que la fibre la plus
élevée a dépassé son maximum ; mais bien après
que la somme des réactions des fibres a atteint ce
maximum.

Il faut observer que la coïncidence que nous

avons trouvée entre l'hypothèse de Galilée et nos résultats, est loin d'être une preuve de l'exactitude
de cette hypothèse ; qu'en admettant au contraire
l'explication que nous venons de donner, il paraît
que cette coïncidence est tout-à-fait fortuite, car
nous sommes amenés à conclure, que la fibre de
plus grande réaction, lorsqu'une pièce de bois est
rompue, se trouve au centre de la section de rupture ; et que les fibres placées au-dessus et au-dessous, ont diminué leur action, d'un côté parce
qu'elles n'ont pas été assez excitées, et de l'autre
parce qu'elles l'ont trop été ; au lieu de cela, Galilée
suppose à toutes les fibres la même réaction, ce
qui, quoiqu'erroné comme hypothèse, peut cependant conduire à un résultat exact.

Il y a d'ailleurs une distinction fort importante
entre l'hypothèse de Galilée, et le résultat de nos
recherches ; Galilée suppose en effet, que toutes les
fibres sont soumises à la tension, tandis qu'on peut
conclure des nombreuses expériences de M. Barlow
et de la nature même des substances matérielles,
qu'une partie seulement des fibres est exposée à
cette force, et que dans le bois en particulier, cette
partie est comparativement assez foible.

27. Cherchons maintenant à découvrir la loi, que
la réaction des fibres observe dans leur compression. La marche suivie pour trouver le centre de
tension, pourrait être employée pour déterminer
celui de la compression, si on connaissait la résistance directe à la force de compression ; mais, faute
de cette donnée, nous devrons employer une autre
méthode.

28. Nous avons admis, que les résistances des fibres à la compression devaient suivre une loi dépendante de leur distance à l'axe neutre, et qu'il y avait parconséquent un point dans la surface comprimée, auquel on pouvait supposer toutes les forces réunies pour produire la résistance à la compression.

Nous admettrons en outre, que les résistances à la tension et à la compression soient dans le même rapport pour différentes épaisseurs de pièces de bois de même nature.

29. Nous avons entre ces résistances, l'équation ;

$$v \times nt = v' \times nc, \text{ ou } fad = f'a'x.$$

d étant la distance du centre de gravité de la surface de tension à l'axe neutre, x la distance cherchée du centre de compression au même axe, f' la résistance à la compression sur l'unité de surface et a' l'aire de la compression.

Faisant d'après notre hypothèse, $f = mf'$; il viendra $mf'ad = f'a'x$, ou $mad = a'x$, ou enfin

$$x = \frac{mad}{a'}$$

Remplaçons successivement dans cette équation les quantités a, d et a' par les valeurs trouvées dans les trois cas que nous avons déjà examinés;

Nous aurons 1° pour une pièce de bois rectangulaire de 24 pouces de longueur, de 2 pouces d'épaisseur et de 2 pouces de largeur, rompant sous un poids de 588 livres ; $a = 1,434$, $d = 0,3585$,

$$a' = 2,566 \text{ et } x = m \times \frac{1,434 \times 0,3585}{2566.} = 0,2003 \times m.$$

2° Pour une pièce de bois triangulaire, le sommet en haut, de 12 pouces de longueur, et de 2 pouces de côté, rompant sous une charge de 370 livres ; $a = 0,5331$, $d = 0,3203$, $a' = 1,1989$, et

$$x' = m \times \frac{0,5331 \times 0,3203.}{1,1989.} = 0,1424 \times m.$$

3° Pour une pièce de bois triangulaire, le sommet en bas, de 12 pouces de longueur, et de 2 pouces de côté, rompant sous une charge de 313 livres ; $a = 0,702$, $d = 0,206$, $a' = 1,030$, et

$$x'' = m \times \frac{0,702 \times 0,206}{1,030.} = 0,1404 \times m.$$

Nous avons donc les trois équations.

$$x = 0,2003. \; m$$
$$x' = 0,1424. \; m$$
$$x'' = 0,1404. \; m$$

dans lesquelles m doit être constant.

Or, si nous supposons que x, x' et x'', soient les distances à l'axe neutre des centres de gravité des surfaces de tension, nous aurons,

$$
\begin{array}{lll}
x = 0,6415 & & m = 3, 20. \\
x' = 0,4220 & \text{d'où} & m = 2, 96. \\
x'' = 0,4455 & & m = 3, 18.
\end{array}
$$

La première et la dernière valeur de m approchent beaucoup de l'égalité ; quoiqu'elles diffèrent un peu de la seconde, cette différence est trop foible pour engager à chercher une autre loi de la compression que celle que nous avons admise, en supposant le centre de compression au même point que le centre de gravité ; c'est-à-dire la résistance uniforme et indépendante de la compression.

30. En résumé, nous pouvons établir les théorêmes suivans, relatifs à la situation de l'axe neutre dans les bois de sapin de dimensions données.

SAVOIR;

1° Le centre de compression, et le centre de tension coïncident avec les centres de gravité de leurs surfaces respectives.

2° L'aire de tension multipliée par la distance de son centre de gravité à l'axe neutre, est à l'aire de compression multipliée par la distance de son centre de gravité au même axe dans un rapport constant, qui approche de 1 à 3,11.

31. Nous avons cherché, à expliquer plus haut la coïncidence entre les centres de tension et de gravité ; il ne sera peut-être pas hors de propos, de présenter ici quelques remarques, qui peuvent rendre compte de notre seconde coïncidence entre les centres de compression et de gravité. M. Barlow a remarqué, dans le plus grand nombre de ses expériences, que la séparation entre les aires de compression et de tension était parfaitement marquée, et que, même avant la rupture, les fibres comprimées étaient très-distinctes, présentant une partie écrasée sous la forme d'un triangle isocèle, dont le sommet était sous l'axe neutre ; de sorte que la longueur des fibres écrasées, allait en augmentant, à mesure que celles-ci s'éloignaient davantage de l'axe neutre ; assimilant donc la réaction des fibres à une suite de ressorts en spirale, dont la longueur croît comme la distance à l'axe neutre, il est évident que pour chaque point, la longueur du ressort est proportionnelle à la force, qui agit pour le comprimer ; qu'ainsi la résistance doit être la même du sommet à la base, et en conséquence le centre de compression

doit être le même que le centre de gravité, ainsi que nous l'avons trouvé.

32. Nous avons vu que la valeur moyenne de m, qui exprime le rapport de la résistance de la tension à celle de la compression, était $m = 3,11$; mais comme ce rapport pourrait rendre les calculs plus compliqués, nous supposerons dans la pratique $m = 3$, valeur qui diffère très-peu de la précédente et qui donne des résultats conformes aux expériences, autant qu'on peut le désirer, en considérant les irrégularités, auxquelles des expériences de ce genre peuvent être sujettes.

Cette valeur de m n'a été trouvée que pour le sapin; mais jusqu'à ce que de nouvelles recherches aient été faites dans le but de déterminer le rapport de la tension à la compression pour les bois des différentes natures, nous pourrons, sans de graves erreurs, supposer à ce rapport la même valeur que pour le sapin.

33. On peut à l'aide des résultats qui précèdent, déduire la force de cohésion directe, de la résistance des bois à la rupture.

Nous avons en effet, trouvé (art. 10) pour l'effort, qui tend à rompre une pièce de bois rectangulaire posée sur deux appuis, $F = \dfrac{Pl}{4}$. La moitié de cet effort est employée pour produire la compression. Or si nous appelons D l'épaisseur de la partie comprimée, d étant toujours l'épaisseur de la pièce, et a sa largeur; $d - D$ sera l'épaisseur de la tension, et $\frac{1}{2}(d - D)$ la distance du centre de tension à l'axe neutre; nous aurons alors, $f \times \frac{1}{2}(d - D)^2 \times a$ pour la résistance de la surface de tension, résistance qui d'ailleurs doit être égale à $\dfrac{P\,l}{8}$; mais $\dfrac{P\,l}{4.} = S\ ad^2$ (art. 15) ; nous aurons donc $f \times (d - D)^2 \times a = S\ ad^2$, d'où

$$f = \frac{S\,d^2}{(d-D)^2}.$$

C'est à l'aide de cette formule, qu'on a calculé les valeurs de la cohésion directe, données dans le tableau suivant, pour les bois dont nous avions indiqué les résistances à la rupture dans l'art. 16.

NOMS DES BOIS.	PESANTEUR spécifique.	VALEUR DE f.
Thek	745.	1079.
Calaba	579.	1017.
Frêne	760.	1159.
Chêne du Canada	872.	796.
Chêne	934.	730.
Chêne de Dantzick	756.	508.
Id. de l'Adriatique	610.	606.
Sapin pesse, ou de Norwège	660.	719.
Pin rouge, ou d'Ecosse	657.	686.
Pin blanc, ou de la nouvelle Angleterre.	553.	689.
Hêtre	696.	682.
Orme	553.	394.

SOLUTION *du problème de pratique , fondée sur les données de la table qui précède.*

PROBLÊME.

34. *Trouver le poids nécessaire pour rompre une pièce de bois prismatique, encastrée à l'une de ses extrémités et chargée à l'autre.*

Règle. 1° Divisez la base du prisme en deux parties, telles que le produit de l'aire de tension par la distance de son centre de gravité à l'axe neutre, soit au produit de l'aire de compression par la distance de son centre de gravité à la même ligne, dans le rapport de 1 à 3, et vous obtiendrez ainsi la position de l'axe neutre.

2° Cherchez dans la table la force de cohésion directe, multipliez-la par la surface de tension et par la distance du centre de gravité de cette surface à l'axe neutre, divisez alors ce produit par la moitié de la longueur de la pièce, et vous obtiendrez le poids qui doit faire rompre la pièce.

Application à quelques cas particuliers.

35. *Trouver le poids nécessaire pour rompre une pièce de bois prismatique à base rectangulaire encastrée à l'une de ses extrémités, et chargée à l'autre.*

Règle. Multipliez la valeur de *f* dans la table, par la largeur et le carré de l'épaisseur de la pièce, multipliez de nouveau ce produit par 0,134 et divisez par la longueur, le quotient sera le poids cherché (*voyez note 2*).

Ex. Quel poids faudra-t-il employer pour rompre une pièce de frêne de 5 centimètres d'équarrissage et de 180 centimètres de longueur ?

Pour le frêne. . . . . $f = 1159.$

$$ad^2 = 5 \times 5^2 = 125.$$

$$f\,ad^2 = 1159 \times 125 = 144900.$$

$$0,134.\,f\,ad^2 = 0,134 \times 144900 = 19410.$$

Le poids cherché sera $\dfrac{0,134.\,f\,ad^2}{l} = \dfrac{19410.}{180.} = 108.$ kilo.

Notes. 1. *Si la pièce était supportée aux deux extrémités et chargée au milieu, il faudrait multiplier la valeur trouvée par* 4; *et par* 6, *si la pièce était encastrée aux deux extrémités.*

2. *Si dans l'un de ces cas, le poids était distribué uniformément, les résultats devraient être doublés.*

36. *Trouver le poids nécessaire pour rompre une pièce de bois prismatique à base carrée encastrée à l'une de ses extrémités, sa diagonale étant supposée verticale?*

Règle. Multipliez la valeur de f par le cube du côté de la base, et par le nombre $0,128$; divisez ce produit par la longueur, et le quotient sera le poids cherché. (*voyez note* 2).

Note. Si la pièce eût été placée sur l'une de ses faces, on eût trouvé par la règle de l'art. 35, *pour le poids qui eût pu la faire rompre,* $P = \dfrac{0,134.\,f.\,a^3}{l}$; *nous trouverons ici* $P = \dfrac{0,128\,f\,a^3}{l}$, *pour le cas d'une pièce placée sur l'une des arrêtes; il suit de là, que la résistance d'une pièce carrée posée sur l'une des faces est plus grande que la résistance de la même pièce posée sur l'une des arrêtes dans le rapport de* 134 *à* 128. *Ce résul-*

tat confirmé par des expériences directes de M. Barlow, est entièrement opposé à ceux donnés par toutes les autres théories.

37. *Trouver le poids nécessaire pour rompre une pièce de bois prismatique, dont la base est un triangle équilatéral, encastrée à l'une de ses extrémités, le sommet du triangle étant placé en dessus.*

Règle. Multipliez la valeur de f par le cube du côté du triangle, et par le nombre 0,0422; divisez ce produit par la longueur, et le quotient sera le poids cherché (*voyez note 2*).

38. *Trouver le poids nécessaire pour rompre la même pièce de bois, le sommet étant placé en-dessous.*

Règle. Multipliez la valeur de f par le cube du côté du triangle et par le nombre 0, 0376; divisez ensuite ce produit par la longueur (*voyez note 2*).

Note. *On conclut de la comparaison des résultats des art. 37 et 38, que la résistance d'une pièce triangulaire dont le sommet est en-dessus, est plus grande que la résistance de la même pièce, quand le sommet est en dessous dans le rapport de 422 à 376.*

39. *Trouver le poids nécessaire pour rompre une pièce de bois cylindrique encastrée à l'une de ses extrémités.*

Règle. Multipliez la valeur de f par le cube du rayon de la base, et par le nombre 0,718; divisez ensuite ce produit par la longueur (*voyez note 2*).

Note. *En comparant deux pièces de bois dont l'une est cylindrique, et dont l'autre a pour section le carré circonscrit à la base du cylindre; on a pour la résis-*

tance de la première $P = \dfrac{0,718. f. r^3}{l.}$; et pour la résis-

tance de la seconde $P = \dfrac{0,134. f a^3}{l.} = \dfrac{1,072. f. r^3}{l.}$; de

sorte que la résistance de la seconde est plus grande
que celle de la première dans le rapport de 1072 à 718.

Tous ces résultats sont confirmés par les expériences de M. Barlow.

SECTION DEUXIÈME.

DE LA RÉSISTANCE DES BOIS A LA FLEXION.

---

§ 1. Solides prismatiques dont la base est un rectangle.

*De la résistance à la flexion considérée dans ses rapports avec la longueur
et la position des bois.*

40. Supposons que A B C D (figure 10) représente
une pièce de bois encastrée dans sa position horizontale naturelle, son propre poids pouvant être
négligécomparativementàceluidontelleestchargée.
Admettons que cette pièce soit formée des différentes lames AB ab, $a b a' b'$, $a' b' a'' b''$, etc. , dont
chacune puisse être sujette à la compression et à
l'extension: alors quand la pièce est chargée du
poids P, elle prend la forme curviligne vue dans la
seconde position de la figure. Menant les tangentes
Am, $a n$, $a'o$, $a''p$, etc. , et admettant que la quantité d'extension et de compression, soit proportionnelle aux forces étendant et comprimant, nous

pourrons établir une proportion entre les angles mAn, nao, $oa'p$ etc., et les distances CB, bC, $b'C$ etc., celles-ci représentant les longueurs des leviers, au moyen desquels la force P exerce son action sur les différens points de la pièce.

Les mêmes relations existeront toujours, si on suppose que le nombre des lames devienne infiniment grand, et par suite l'épaisseur de chacune infiniment petite; et de là, nous conclurons que la propriété fondamentale de la courbe qu'affecte une pièce de bois encastrée à une de ses extrémités et chargée à l'autre est, savoir ;

Que la courbure à chaque point est proportionnelle à la distance de ce point à la ligne de direction du poids; propriété qui caractérise la courbe élastique, proposée d'abord par Galilée, étudiée ensuite par Jacques et Jean Bernouilly, et plus particulièrement par Euler.

41. Nous avons admis tout à l'heure, que l'extension et la compression étaient proportionnelles aux forces qui les produisaient; mais cette hypothèse n'est exacte que dans les premiers instans d'une expérience, et tant que le poids supporté est beaucoup moindre que celui qui causerait la rupture; quand les flexions ont acquis certaine limite, elles ne semblent plus sujettes à aucune loi déterminée, ce qu'on doit attribuer à l'élasticité imparfaite des fibres du bois. Nous devons ainsi considérer la courbe élastique dans le cas seulement d'une très petite flexion.

Soit donc AB (figure 11) une lame mince élastique, sans poids, et dans sa première position horizontale naturelle ; soit AC sa nouvelle position après qu'elle a obéi à l'action du poids P.

Appelant l la longueur A B de la lame
b la flèche de courbure B C
et e une constante qui exprime un poids mesurant l'élasticité de la lame. On peut facilement, au moyen de l'équation de la courbe élastique, établir entre ces quantités la relation suivante,

$$\frac{P\,l\,3}{3\,b.} = e \;(\; voyez \; note\; 3\;).$$

qui indique que les flèches de courbure sont proportionnelles au produit du poids qui les cause, par le cube de la longueur de la courbe.

Mais si nous observons, que le produit P l représente le moment du poids P par rapport au point A et que cette quantité est proportionnelle à l'angle b A a, que nous apellerons l'élément de la flexion, on voit que la relation

$$\frac{P\,l^3}{3\,b} = \frac{P\,l \times l^2}{3\,b} = e$$

peut encore s'exprimer en disant que les flèches de courbure sont proportionnelles à l'élément de la flexion, multiplié par le carré de la longueur.

42. Lorsque le poids, au lieu d'être appliqué à l'extrémité de la pièce de bois est également distribué dans toute sa longueur, ou quand il est divisé en parties égales, suspendu à des distances égales, l'expression de l'élasticité devient alors,

$$\frac{P\,l^3}{8\,b} = e \,, \;(voyez \; note\; 4).$$

d'où il suit, que pour des pièces de même longueur,

les flèches de courbure, lorsque le poids est situé tout entier à l'extrémité, ou lorsqu'il est reparti uniformément sur la longueur, sont entre elles comme 8 est à 3.

43. Nous n'avons jusqu'ici considéré la flexion, que dans le cas d'une pièce encastrée à l'une de ses extrémités. Supposons maintenant cette pièce posée sur deux appuis et chargée en son milieu.

Nous avons vu (art. 9) que si l'on considérait deux pièces, dont la première encastrée à l'une de ses extrémités, était chargée à l'autre d'un poids déterminé, et dont la seconde d'une longueur double, supportée en son milieu, était chargée à chacune de ses extrémités d'un poids égal au poids de la première, la résistance à la rupture, et par suite l'extension des fibres était la même pour ces deux pièces.

Mais si les résistances sont égales dans ces deux circonstances, il n'en est pas de même des flèches de courbure, l'élément de la flexion étant dans un cas double de ce qu'il est dans l'autre. Car l'extension des fibres $A b$, $A b$ (fig. 1 et fig. 2) étant la même par hypothèse, les angles $A n b$ dans les deux figures seront égaux; mais comme dans l'un (fig. 1) la ligne $n b$ est verticale, et que dans l'autre (fig. 2) elle s'éloigne de la verticale autant que la ligne $n A$, la flexion de la pièce au-dessous de la ligne $H H'$, en la supposant, pour plus de simplicité, inflexible partout, excepté dans la section $A n C$, ne sera dans le dernier cas que moitié de celle de la pièce encastrée (fig. 1); c'est-à-dire, que l'élément de la flexion, lorsque la pièce $H H'$ (fig. 2) sera posée en son milieu sur un appui, ne sera que moitié de celui de la pièce A H (fig. 1) encastrée à une extrémité ; et comme nous avons vu que les flèches de courbure étaient, toutes choses égales d'ailleurs, proportionnelles aux élémens de la flexion, il s'ensuit que les flèches de courbure dans les deux cas seront entr'elles dans le rapport de 1 à 2.

Maintenant la pièce $F I F' I'$ (fig. 2) peut être remplacée par la pièce $F I F' I'$ (fig. 3) posée sur deux appuis et chargée en son milieu d'un poids 2 P ; d'où nous conclurons, qu'à résistance égale, la flexion d'une pièce encastrée à une extrémité, et chargée à l'autre, est double de celle d'une pièce deux fois plus longue supportée à ses deux extrémités, et chargée au milieu d'un poids double : nous rappelant d'ailleurs que les flexions varient comme le produit des poids par le cube des longueurs ; nous trouverons, en dernière analyse, que les poids et les longueurs étant les mêmes dans les deux cas, les flexions seront entr'elles dans le rapport de 32 à 1.

Si donc nous voulons nous servir, dans le cas qui nous occupe, de la formule
$$\frac{P l^3}{3 b} = e ,$$
trouvée plus haut, nous devrons multiplier par 32, la valeur de la constante e.

44. Lorsque le poids est distribué dans toute la longueur d'une pièce posée sur deux appuis, au lieu d'être réuni dans son milieu, alors l'expression de l'élasticité devient,

(*voyez note* 5) $\frac{5 P l^3}{8 \times 3 b} = e$, e ayant ici la même valeur que dans l'art. précédent ; ainsi pour des pièces de même longueur posées sur deux appuis, les flèches de courbure, lorsque le poids est placé tout entier au milieu, ou lorsqu'il est réparti uniformément sur la longueur, sont entr'elles dans le rapport de 8 à 5.

Mais nous avons vu que lorsqu'une pièce de bois était encastrée à l'une de ses extrémités, les flexions quand le poids était placé à l'autre extrémité, ou quand il était également distribué, étaient dans le rapport de 8 à 3.

Nous concluons de là, que, si une planche est supportée dans son milieu et fléchie par son propre poids, et que, si ensuite la même planche est supportée à ses extrémités, les flèches de courbure dans ces deux cas seront entr'elles dans le rapport de 3 à 5.

De la résistance à la flexion considérée dans ses rapports avec la largeur et l'épaisseur des bois.

45. Dans les recherches précédentes, nous avons supposé les pièces de bois, de différentes longueurs seulement, la largeur et l'épaisseur étant les mêmes.

Quand ces dimensions varient, la résistance à la rupture varie aussi, et est toujours, comme nous l'avons vu, proportionnelle au produit de la largeur par le carré de l'épaisseur ; ainsi quand le poids est augmenté dans cette proportion, la tension doit rester la même, si la longueur est constante : mais en considérant la *fig.* 1, nous voyons que l'extension de la fibre $b\,A$ étant supposée constante, l'angle

bn A ou H A F, qui représente l'angle de la flexìon,
varie en raison inverse de n A ou de c A épaisseur de
la pièce ; d'où il suit que dans les pièces de même
largeur, mais d'épaisseur différente, lorsque la
force est proportionnelle à la résistance, l'élément
de la flexion est réciproque à l'épaisseur, et que
par suite la flèche de courbure, la longueur restant
la même, est proportionnelle au poids, et en raison
inverse de la largeur, et du cube de l'épaisseur de
la pièce ; mais nous avons vu que, quand la largeur
et l'épaisseur étaient constantes, les flèches de courbure variaient comme le cube des longueurs.

Si donc, nous appelons généralement l la longueur d'une pièce de bois rectangulaire, a sa largeur, d son épaisseur ; P le poids dont elle est
chargée, la flèche de courbure variera comme $\dfrac{P l^3}{a d^3}$
et si nous appelons F cette flèche de courbure, nous
aurons (*voyez note* 6) $\dfrac{P l^3}{a d^3 F} = E$, quantité constante.

46. Ce résultat est contraire aux expériences
de M. Girard, qui a trouvé que les flèches de
courbure devaient varier comme le carré des longueurs, et en raison inverse des largeurs et du carré
des épaisseurs.

Mais en même temps, ce résultat est parfaitement confirmé par les nombreuses expériences de
M. Barlow, qui ont été faites avec le plus grand
soin sur des pièces de bois aussi homogènes que
possible.

Les expériences de M. Dupin, faites sur des pièces
de 2 mètres de longueur, et depuis 1 jusqu'à 10

4

centimètres d'équarrissage, dirigées avec une grande
habileté, donnent exactement les résultats auxquels
ont conduit les propres expériences de M. Barlow,
et détruisent tous les doutes qu'on pourrait élever
sur l'accord de l'expérience et de la théorie.

47. Il est important d'observer, avant de terminer
cette partie, que toutes les recherches qui précèdent
ne peuvent s'appliquer qu'à des pièces rectangulaires ; car quoique nous ayons toujours établi nos
rapports entre les largeurs et les épaisseurs, il ne
faut pas perdre de vue, que ce n'est pas de l'épaisseur toute entière d'une pièce, mais bien de celle
de son axe neutre que dépend la flexion : comme
dans les bois rectangulaires, cette dernière épaisseur est toujours proportionnelle à celle de la pièce
entière, nous pouvions indifféremment employer
l'une ou l'autre, et c'est pour plus de simplicité que
nous avons choisi l'épaisseur totale de la pièce.

Conséquences pratiques.

48. 1° Il a été démontré que les flèches de courbure successives étaient en raison directe du poids
et du cube de la longueur, et en raison inverse de
la largeur et du cube de l'épaisseur, de sorte que

$$\frac{P\,l^3}{ad^3 F} = E, \text{ quantité constante; ou } \frac{P\,l^3}{ad^3 E} = F.$$

2° Cette formule est également applicable aux
pièces encastrées à l'une de leurs extrémités et chargées à l'autre, et aux pièces posées sur deux appuis

et chargées à leur milieu ; mais dans les deux cas, la valeur de E doit varier dans le rapport de 1 à 32.

3° Il suit de là que, pour conserver à des pièces la même roideur, il faut augmenter l'épaisseur dans le rapport de la longueur, la largeur restant la même.

4° La flexion de différentes pièces, ayant leurs dimensions proportionnelles, quand elle proviendra de leur propre poids, sera comme le carré du rapport de leurs dimensions semblables, car nous avons vu que dans tous les cas,

$$\frac{P\,l^3}{a\,d^3\,F} = E, \text{ quantité constante.}$$

Or, si nous supposons que chaque dimension soit augmentée m fois ; le poids sera augmenté m^3 fois, et nous aurons

$$\frac{P^3\,m^3 \times l^3\,m^3}{a\,m \times d^3\,m^3 \times F} = E, \text{ ou } \frac{P\,l^3\,m^2}{a\,d^3\,F} = E,$$

et puisque E a la même valeur dans les deux cas, nous devons avoir $F' = F\,m^2$.

Le même résultat sera applicable aux pièces chargées dans leur longueur, proportionnellement à leurs dimensions, et c'est un fait qu'on doit toujours avoir en vue dans la construction des modèles, sur une petite échelle, des ouvrages qui doivent être exécutés en grand.

5° Quant à la flexion des bois, au moment de leur rupture, les relations indiquées ci-dessus ne sont plus les mêmes ; dans ce cas, il est évident que le moment de la force qui agit sur la pièce est égal à la résistance même de cette pièce, et qu'on a ainsi,

$$\frac{P\,l}{a\,d^2} = C, \text{ quantité constante ;}$$

4.

Dans ce cas, l'expression $\frac{P l^3}{ad^3 F} = E$, peut donc se mettre sous la forme

$$\frac{l^2}{d\,F'} = \frac{E}{C} = V,\text{ quantité constante.}$$

équation dans laquelle F' représente la flèche au moment de la rupture, l la longueur de la pièce et d son épaisseur.

On ne peut, quoi qu'il en soit, accorder qu'une foible confiance à ce dernier résultat, parce que la loi des flexions devient très-incertaine, quand l'élasticité a cessé d'être parfaite, ce qui a lieu d'une manière très-sensible au moment de la rupture.

Expériences.

49. Des expériences ont été faites en grand nombre par M. Barlow, afin de calculer la valeur de la constante E, pour les bois employés ordinairement dans les constructions.

Afin d'avoir une idée précise de cette constante, nous pouvons supposer qu'on ait placé sur deux appuis une pièce de bois de 1 centimètre de longueur, de 1 centimètre de largeur, et de 1 centimètre d'épaisseur, et qu'on ait cherché le poids en kilogrammes, qui eût pu donner à cette pièce de bois une courbure de 1 centimètre de flèche; ce poids étant désigné par P, nous aurons $P = E$, valeur de la constante : car dans l'équation $\frac{P l^3}{ad^3 F} = E$; il reste $P = E$, quand $l = a = d = F = 1$.

Les valeurs de E calculées d'après la formule $\frac{P l^3}{ad^3 F} = E$, pour les pièces supportées sur deux

appuis, par les expériences de M. Barlow sur des
bois de différentes natures, sont indiquées dans le
tableau suivant, auquel on a ajouté les valeurs de
la constante V d'après la formule $\dfrac{l^2}{d\,\mathrm{F}} = \mathrm{V}$, qui est
applicable à la flèche de courbure au moment de la
rupture.

NOMS DES BOIS.	PESANTEUR spécifique.	VALEUR DE E.	VALEUR DE V.
Thék.	745.	677100.	818.
Calaba.	579.	454870.	596.
Frêne	760.	461580.	395.
Chêne du Canada.	872.	602930.	588.
Chêne	934.	407260.	435.
Chêne de Dantzick	756.	334280.	724.
Id. de l'Adriatique	993.	272550.	610.
Sapin pesse, ou de Norvège.	660.	343730.	588.
Pin rouge, ou d'Écosse . .	657.	516225.	605.
Pin blanc, ou de la nou- velle Angleterre	553.	418570.	757.
Pin du Nord, ou de Riga.	753.	372775.	588.
Hêtre.	696.	379970.	615.
Orme	553.	196350.	509.
Mélèze	543.	280880.	514.

Note. *On remarque dans les expériences de M. Bar-*
low, que l'élasticité a été parfaite, et que la loi des
flexions a toujours été confirmée, tant que le poids
placé au milieu de la pièce pour produire les différentes
flèches de courbure n'a pas dépassé le tiers du poids
qui causait la rupture; d'où nous pouvons conclure
qu'une pièce de bois peut supporter, sans inconvénient,
le tiers du poids qui la ferait rompre.

SOLUTION *de quelques problêmes de pratique, fondée sur les données*
qui précèdent.

1ᵉʳ PROBLÊME.

50. *Trouver les flèches de courbure des pièces de*
bois prismatiques à base rectangulaire, encastrées à
l'une de leurs extrémités, et chargées à l'autre d'un
poids donné.

Règle. 1° Multipliez la valeur de E dans la table
par la largeur et par le cube de l'épaisseur de la
pièce donnée, ces dimensions étant réduites en
centimètres.

2° Multipliez aussi le cube de la longueur en centimètres par le poids en kilogrammes, et encore ce
produit par 32.

3° Divisez le dernier produit par le premier pour
avoir la flèche demandée.

Ex. 1. Un barreau de frêne de 10 centimètres
d'équarrissage et de 100 centimètres de longueur
est encastré dans un mur.

Si un poids de 100 kilogrammes est placé à son
extrémité, quelle sera la flèche de courbure?

Pour le frêne,   E =   461580.

$\qquad ad^3 = 10 \times 10^3 =$ 10000.

Premier produit, E $ad^3 = 4615800000.$

$l^3 = 100^3 =$ 1000000.

P =   100.

Second produit, $32 \, P \, l^3 = 3200000000.$

Flèche demandée, $\dfrac{3200000000}{4615800000.} = 0,^{\text{cent}} 69$

Ex. 2. Quelle serait la flèche de courbure de la même pièce, si une contrefiche, s'appuyant contre le mur, la supportait au milieu de sa longueur?

Sans répéter ici les calculs, comme nous savons que les flèches sont proportionnelles aux cubes des longueurs, et qu'au moyen de la contrefiche, la longueur est réduite à moitié, nous aurons

$(100)^3 : (50)^3 :: 0, 69 : 0, 086 =$ *la flèche demandée.*

Notes. 1. *La même règle est applicable, lorsque le poids est uniformément distribué sur la longueur, en multipliant le second produit par les* ⅝ *de* 32, *au lieu de* 32.

2. *Tous les résultats obtenus doivent être modifiés dans le rapport des pesanteurs spécifiques, lorsque la pesanteur spécifique de la pièce de bois, dont on cherche la flèche de courbure, n'est pas la même que dans la table.*

11ème PROBLÊME.

54. *Trouver les flèches de courbure des pièces de bois supportées à chaque extrémité, et chargées au milieu d'un poids donné.*

Règle. 1° Multipliez la valeur de E dans la table par la largeur, et par le cube de l'épaisseur.

2° Multipliez aussi le cube de la longueur par le poids donné; divisez alors le dernier produit par le premier pour avoir la flèche demandée.

Ex. Une pièce carrée de chêne, dont le côté a 15 centimètres, est supportée sur deux murs éloignés de 6 mètres, quelle sera la flèche de courbure, lorsque cette pièce sera chargée d'un poids de 450 kilogrammes?

$$Pour\ le\ chêne, \quad E = 407260.$$
$$ad^3 = 15 \times 15^3 = 50625.$$

$$Premier\ produit, \quad E\,ad^3 = 20617000000.$$

$$l^3 = 600^3 = 216000000.$$
$$P = 450.$$

$$Second\ produit, \quad P\,l^3 = 97200000000.$$

$$Flèche\ demandée, \quad \frac{97200000000.}{20617000000.} = 4,^{cent}\ 70$$

Notes. 1. *Si la pièce était encastrée à chaque extrémité, la flèche ne serait que les $\frac{2}{1}$ de celle trouvée par la règle de ce problême.*

2. *La même règle est applicable, lorsque le poids est uniformément distribué, en multipliant la flèche trouvée par* $\frac{5}{8}$

III ^{eme} PROBLÊME.

52. *Trouver les flèches de courbure des pièces de bois, au moment de la rupture. (les pièces étant supportées à chaque extrémité)*

Règle. Multipliez la valeur de V dans la table par l'épaisseur de la pièce, et divisez le carré de la longueur par ce produit, pour avoir la flèche demandée.

Ex. Une tringle de frène de 25 millimètres de côté et de 2 mètres de long, est rompue par un poids placé en son milieu, quelle sera la flèche de courbure?

$$Pour\ le\ frêne. \ . \ . \ . \ V = \quad 595.$$
$$d = \quad 2,50.$$

$$Premier\ produit,\ V\,d = 987.50.$$

$$l^2 = (200)^2 = 40000.$$

$$Flèche\ demandée, \quad \frac{l^2}{V\,d} = 40.^{cent}\ 50.$$

Note. *Quand la pièce est encastrée à une extrémité, la flèche est huit fois plus grande que celle donnée par cette règle.*

§ 2. Solides prismatiques dont la base n'est point un rectangle.

53. M. Barlow n'a point cherché à déterminer les flèches de courbure, que prennent des pièces de bois prismatiques, dont la base n'est point un rectangle.

On trouvera dans la *note* 6, les principes sur lesquels est fondée cette recherche; nous donnerons seulement ici les applications de la théorie à quelques cas de pratique.

54. *Trouver les flèches de courbure d'une pièce de bois prismatique à base carrée, posée sur deux appuis et chargée en son milieu d'un poids donné, la diagonale étant supposée verticale.*

Règle. 1° Multipliez la valeur de E dans la table par la quatrième puissance du côté du carré de la base.

2° Multipliez aussi le cube de la longueur par le poids donné; divisez alors le dernier produit par le premier pour avoir la flèche demandée.

Note. *Il résulte de cette règle qu'une pièce de bois carrée placée sur l'une de ses arêtes, résiste autant à la flexion que la même pièce posée sur l'une de ses faces.*

55. *Trouver les flèches de courbure d'une pièce de bois cylindrique posée sur deux appuis, et chargée en son milieu.*

Règle. 1° Multipiez la valeur de E par la quatrième puissance du rayon, et par le nombre 9, 425.

2° Multipliez aussi le cube de la longueur par le poids donné, et divisez le dernier produit par le premier.

Ex. Quelle sera la flèche de courbure d'une pièce cylindrique de chêne de 7 centimètres et demi de rayon, et de 6 mètres de longueur, chargée en son milieu, d'un poids de 450 kilogrammes?

Pour le chêne. . . . $E =$ 407260.

$$r^4 = (7,50.)^4 = 3164.$$

$$9,425\, r^4 = 29820.$$

Premier produit, $9,425\, r^4\, E =$ 12145000000.

$$l^3 = (600)^3 = 21600000.$$

$$P = 450.$$

Second produit, $P\, l^3 = $ 97200000000.

Flèche demandée $=$ 8,^{cent} 00.

Note. *Il résulte de cette règle, que la résistance à la flexion d'un cylindre est à celle du prisme circonscrit comme* 9, 425 *est à* 16, *ou comme les* ¾ *du volume du cylindre sont au volume entier du prisme.*

56. *Trouver les flèches de courbure d'une pièce de bois cylindrique creuse, posée sur deux appuis, et chargée en son milieu.*

Règle. 1° Multipliez la valeur de E par la différence entre les quatrièmes puissances des rayons extérieurs et intérieurs; et par le nombre 9, 425.

2° Multipliez le cube de la longueur par le poids donné, et divisez le dernier produit par le premier.

CHAPITRE TROISIÈME.

DE LA RÉSISTANCE DES BOIS SOUMIS A UNE PRESSION
DIRIGÉE DANS LE SENS DE LA LONGUEUR.

57. Une pièce de bois, cédant à une pression dirigée dans le sens de sa longueur, s'écrase ou se refoule, lorsque sa hauteur ne surpasse pas sept à huit fois la largeur de sa base; mais dès que la hauteur atteint cette limite, la pièce plie sous la charge avant de rompre, et sa résistance est alors sensiblement diminuée. Nous devrons donc considérer successivement dans les bois posés debout la résistance à l'écrasement, et celle à la flexion.

SECTION PREMIÈRE.

DE LA RÉSISTANCE DES BOIS A L'ÉCRASEMENT.

58. Ce genre de résistance n'a donné lieu à aucune recherche théorique, et n'a pas même été examiné par M. Barlow.

On peut admettre que, dans les bois de forme cubique, la résistance à l'écrasement est proportionnelle à la surface de la base, et que ce rapport a lieu tant que la hauteur d'une pièce n'excède pas 7 à 8 fois la longueur de sa base.

Il résulte de quelques expériences faites par
M. Georges Rennie sur des cubes d'un pouce anglais de côté, que la résistance à l'écrasement pour
plusieurs espèces de bois est par centimètre carré,

SAVOIR :

Orme. . . . . 90. kilogrammes.
Pin d'Amérique. . . 113.
Pin blanc. . . . . . 135.
Chêne. . . . . 271.

SECTION DEUXIÈME.

DE LA RÉSISTANCE DES BOIS DEBOUT A LA FLEXION.

59. Quoiqu'on ne conçoive pas d'abord comment
une pièce de bois., considérée comme un faisceau
de fibres, puisse être fléchie, lorsqu'elle est pressée
dans la direction de sa longueur, puisqu'il n'y a
pas de raison pour qu'elle plie plutôt dans un sens
que dans un autre; la théorie et l'expérience ont
cependant prouvé que cette flexion devait avoir lieu
sous un poids déterminé, au-dessous duquel il n'y
avait aucun effet produit.

Comme une pièce perd beaucoup de sa force,
lorsqu'elle commence à fléchir, et que dans la
pratique il convient de ne jamais porter la charge
au-delà de celle qui pourrait produire ce commencement de flexion, il est inutile de chercher le poids
sous lequel romprait une pièce de bois posée debout, mais il suffit de déterminer le poids qui

commence à faire fléchir, une pièce sur laquelle il agit, en la pressant dans le sens de sa longueur.

60. En supposant d'abord la pièce de bois réduite à une simple lame élastique, on trouve (*note* 7), que si une lame de longueur 2 L est pressée dans le sens de sa longueur, le poids Q, qui commence à la faire fléchir, est

$$Q = \frac{\pi^2 e}{4 L^2}$$

e étant la force de l'élasticité.

Nous pouvons voir d'ailleurs (*note* 3) que si une lame de longueur 2 L est chargée en son milieu d'un poids 2 R, la flèche *f* qu'elle prend, est exprimée par

$$f = \frac{R L^3}{3 e}$$

é représentant la même quantité que dans la valeur de Q.

Eliminant la quantité *e* entre ces deux équations, nous aurons

$$Q = \frac{\pi^2 R L}{12 f}$$

et en appelant P le poids 2 R, et *l* la longueur 2 L, il viendra

$$Q = \frac{\pi^2 P l}{48 f} = 0,2056\, l \times \frac{P}{f}$$

équation qui fait connaître le poids sous lequel commence à fléchir une lame pressée debout, au moyen du rapport constant $\frac{P}{f}$, entre les charges qui agissent sur le milieu d'une lame posée sur deux appuis, et les flèches que produisent ces charges.

61. Nous avons vu (art. 40) qu'on pouvait ap-

pliquer rigoureusement à une pièce de bois prismatique, les résultats obtenus dans les articles suivans, sur la flexion d'une lame élastique posée sur
deux appuis et chargée en son milieu.

Mais lorsque la pièce de bois est pressée parallé-
lement à sa longueur, ou ne peut plus, avec la
même exactitude, l'assimiler à une lame élastique.
Cependant, en adoptant cette hypothèse, on par-
vient à des résultas qui s'éloignent très-peu de ceux
obtenus dans quelques expériences, et qui présentent une exactitude suffisante pour la pratique.

Si donc, nous nous rappelons que nous avons
(art. 45) pour la valeur du poids P, qui fait
prendre une flèche f à une pièce d'une longueur l,
d'une largeur a et d'une épaisseur d posée sur deux
appuis.

$$P = \frac{ad^3 f E}{l^3}$$

Il viendra en substituant cette valeur de P dans
celle de Q

$$Q = 0,2056 \frac{E\, ad^3}{l^2}$$

équation qui donne le poids, qui commence à faire
plier une pièce de bois rectangulaire, de dimensions
données, en la pressant debout, lorsqu'on connaît
la constante E que nous avons déterminée (art. 49)
pour un grand nombre d'espèces de bois. Les expériences faites pour déterminer E étaient faciles,
tandis que les expériences directes à faire pour connaître le poids, qui commence à faire fléchir une
pièce, sont difficiles et présentent plusieurs causes
d'erreurs.

62. Si la pièce pressée debout était un cylindre, dont le rayon de base fût r, il faudrait, dans la valeur de Q, substituer la valeur de P trouvée dans *l'art.* 55.

$$P = \frac{9,425 \, E \, r^4 f}{l^3}$$

et on obtiendrait pour le poids, qui commencerait à faire fléchir le cylindre

$$Q = \frac{1,938 \, r^4 \, E}{l^2}$$

Note. Les résultats obtenus par les règles qui précédent, ne sont pas exactement confirmés par des expériences faites avec beaucoup de soin par M. Lamandé fils. Il semble résulter de ces expériences, que les bois commencent à fléchir sous des charges moindres que celles données par le calcul.

Du reste, il sera prudent de se conformer dans la pratique aux régles indiquées par M. Rondelet, (Art de bâtir.), qui conseille de ne jamais donner en hauteur à un poteau plus de dix fois la largeur ou le diamétre de sa base, et de ne faire porter à un tel poteau que 50 kilogrammes par chaque centimètre carré de la surface de sa base.

SOLUTION *de quelques problèmes de pratique, fondée sur les données de la table* (art. 49).

———

Ier PROBLÊME.

63. *Trouver le poids sous lequel une pièce de bois rectangulaire commence à fléchir, lorsqu'elle est placée verticalement sur un plan horizontal.*

Régle. 1° Multipliez la valeur de E dans la table, par le cube de la moindre épaisseur, puis par la plus grande épaisseur, et enfin ce produit par le nombre constant 0,2056.

2° Divisez ce produit par le carré de la hauteur pour avoir le poids cherché.

Ex. Quel poids faudra-il employer, pour faire fléchir une pièce de pin du nord de 205 centimètres de longueur, de 7, $^{\text{cent.}}$95 de largeur et de 0, $^{\text{cent.}}$88 d'épaisseur ?

$$
\begin{array}{rl}
\textit{Pour le pin du nord} \ldots \ldots \ \mathrm{E} = & 372775. \\
d^3 = (0,88)^3 = & 0,6815. \\
\hline
\mathrm{E}d^3 = & 254050. \\
\hline
\mathrm{E}d^3 a = \mathrm{E}d^3 \times 7,95. = & 2020000. \\
\hline
\mathrm{E}d^3 a \times 0,2056 = & 415200. \\
\hline\hline
l^2 = 205^2 = & 42020. \\
\textit{Poids cherché,} \ \dfrac{415200}{42020} = & 9,^{\text{kil}}88. \\
\hline\hline
\end{array}
$$

IIème PROBLÊME.

64. *Trouver le poids sous lequel une pièce cylindrique commence à fléchir.*

Régle. Multipliez la valeur de E dans la table par la quatrième puissance du rayon, et ce produit par le nombre constant 1,938.

2° Divisez le dernier produit par le carré de la hauteur, pour avoir le poids cherché.

CHAPITRE QUATRIÈME.

DE LA RÉSISTANCE DES BOIS SOUMIS A UNE FORCE DE TORSION.

65. Il n'existe aucune expérience propre à déterminer la résistance d'une pièce de bois soumise à un effort de torsion; et M. Barlow n'a fait aucune recherche théorique sur ce genre de résistance, qu'il indique seulement au commencement de son traité.

M. Navier, membre de l'Académie des sciences, dans son cours donné à l'école des Ponts-et-Chaussées, et M. Duleau, dans son *Essai sur la résistance du fer forgé*, sont les seuls qui aient essayé de traiter cette question.

SECTION PREMIERE.

DE LA RÉSISTANCE A UNE PETITE TORSION.

66. Soit un solide prismatique encastré à l'une de ses extrémités, et dont $abcd$ (fig. 12) représente l'autre bout, dans le plan duquel agit le poids P avec un bras de levier $o\,C = L$ pour produire la torsion.

Supposons qu'un diamètre ac de la section $abcd$, ait été transporté en bd par l'action du poids P, le diamètre correspondant de la section d'encastrement n'aura éprouvé aucun changement, et on peut concevoir que tous les diamètres des sections intermédiaires se soient déplacés proportionnellement à leur distance de l'extrémité encastrée.

Par l'effet de ces déplacemens, les molécules, qui dans deux sections transversales consécutives étaient vis-à-vis l'une de l'autre avant la torsion, ont été éloignées d'une quantité proportionnelle; 1° à leur distance à l'axe du solide; 2° à la différence des angles parcourus dans deux sections consécutives, différence qui est proportionnelle à l'angle $a\,O\,d$, et réciproque à la longueur du solide.

On peut supposer, la torsion étant censée très-petite, que les résistances naissant des déplacemens soient proportionnelles à ces déplacemens. Le moment de la résistance qui doit avoir lieu dans une section quelconque du solide, doit d'ailleurs être égal au moment du poids P.

67. Il résulte de ces hypothèses (*voyez note* 8), qu'en nommant l la longueur du solide, exprimée en centimètres.

t l'angle formé par les deux diamètres $a\,c$ et $b\,d$, qu'on suppose fort petit.

T un poids constant pour chaque espèce de corps, représentant sa résistance à la torsion, en kilogrammes,

On a pour un cylindre dont le rayon de la base est r,

$$P\,L\,l = \frac{T\,t}{2} \times \pi\,r^4, \text{ ou } T = \frac{2\,P\,L\,l}{t\,\pi\,r^4} = \frac{P\,L\,l}{1,57.\,t\,r^4}$$

où l'on voit que l'angle t est en raison directe de la

longueur du cylindre, du poids agissant et de son bras de levier, et en raison inverse de la quatrième puissance du rayon.

68. Si la section transversale était un carré dont a fût le côté, on aurait :

$$P L l = \frac{T t a^4}{6}, \text{ ou } T = \frac{6 P L l}{t a^4}$$

d'où il résulte, que le rapport de la résistance à la torsion entre un cylindre et un prisme dont la base est le carré circonscrit à la base du cylindre est $\frac{2}{\pi} : \frac{3}{8}$, ou $16 : 3 \pi$

69. Pour un cylindre creux, dont R et r seraient les rayons des cercles extérieurs et intérieurs, on aurait

$$P L l = \frac{T t \pi}{2} (R^4 - r^4).$$

Tous ces résultats sont confirmés par des expériences spéciales faites sur le fer forgé par M. Duleau.

SECTION DEUXIÈME.

DE LA RÉSISTANCE A LA RUPTURE CAUSÉE PAR LA TORSION.

70. La torsion d'un solide cause sa rupture, quand les molécules, qui se trouvent les plus éloignées les unes des autres, ne peuvent plus l'être davantage sans se désunir.

On ne peut établir les rapports qui doivent exister entre les résistances des bases de différentes figures, mais on est assuré que pour des bases de figures semblables, la résistance à la rupture causée par la torsion est proportionnelle au cube des dimensions homologues. La longueur d'un solide n'influe pas sur la résistance à la rupture causée par la torsion; seulement, plus le solide sera long, et plus l'angle, dont on l'aura tordu avant de le rompre, sera grand.

71. Pour une pièce prismatique, dont la base serait un carré, on aurait en conservant les dénominations de l'art. 68, $P L = U a^3$

U représentant une constante qui ne conviendrait qu'aux pièces prismatiques à base carrée.

APPENDICE

Contenant le résultat des expériences sur la résistance de divers matériaux.

CHAPITRE PREMIER.

72. DE LA RÉSISTANCE A UN EFFORT DE TRACTION.

NOMS DES MATÉRIAUX.	COHÉSION directe par cent. carré.	NOMS des Auteurs des expériences.
Acier fondu	9420.	G. Rennie.
Acier réduit au marteau	9340.	*Id.*
Fil de fer (*moyenne entre 23 expériences*).	6460.	Seguin, aîné.
Fil de fer	5950.	Buffon.
Fer forgé (*moyenne*)	4240.	G. Rennie.
Fer fondu	1340.	*Id.*
Cuivre œuvré, réduit au marteau, .	2370.	*Id.*
Cuivre fondu	1340.	*Id.*
Cuivre jaune.	1260.	*Id.*
Etain fondu	330.	*Id.*
Plomb fondu	130.	*Id.*
Cordes de 3 cent. de diamètre. . .	580.	J. Knowles.
Cordes de 17 cent. de diamètre . .	420.	S. Brown.
Cordes de d cent. de diamètre 400 d^2 kil.	507.	Duhamel.

Notes. 1. *M. Duleau établit dans son* Traité théorique et expérimental sur la résistance du fer forgé,
*qu'une verge de fer, tirée dans le sens de sa longueur,
s'allonge de 0,00005 de sa longueur, sous un poids de*
100 *kilogrammes, par centimètre carré. M. Navier*
remarque, dans son Mémoire sur les ponts suspendus,
*que, dans les expériences de M. Duleau, la plus petite
variation de longueur, qui ait entraîné une altération
dans l'élasticité, a été de 0,000441 ; et que la plus
grande variation, qui n'ait point entraîné une semblable altération, a été de 0,001167 ; d'où il conclut,
qu'on peut faire éprouver moyennement au fer forgé
un allongement de 0,00065, sans en altérer la cons-
titution physique, allongement qui serait produit par
une charge de* 1300 *kilogrammes sur un centimètre
carré. Il serait donc imprudent d'exposer le fer à des
efforts qui excédassent cette limite. Une charge de*
1300 *kilogrammes par centimètre carré, est environ
le tiers de celle qui opérerait la rupture.*

2. *Nous avons vu que la cohésion directe du chêne*
(art. 3) *était de* 700 *kilogrammes par cent. carré,
à peu près le sixième de celle du fer forgé. Nous
avons vu aussi, art.* 4, *que pour le bois il convenait,
lorsqu'on ne voulait point altérer l'élasticité, de ne
faire porter que la moitié du poids qui produirait
la rupture, tandis que pour le fer, nous venons de
trouver qu'il ne faut pas charger au-delà du tiers de
ce même poids. D'après cela, les aires des sections
transversales des pièces en bois et en fer, qui se trouveraient exposées à la même tension, devraient être
dans le rapport de $\frac{1}{3}$ à $\frac{1}{2}$, ou de* 4 *à* 1 ; *et comme le fer,
à volume égal, coûte environ soixante fois autant que*

le bois, on voit que l'emploi du bois soumis à un effort de traction, serait quinze fois plus économique que. celui du fer; les tringles en chêne, à force égale, peseraient d'ailleurs moins que celles en fer.

CHAPITRE DEUXIÈME.

73. DE LA RÉSISTANCE A UN EFFORT TRANSVERSAL.

SECTION PREMIÈRE.

DE LA RÉSISTANCE A LA RUPTURE.

NOMS DES MATÉRIAUX.	VALEUR DE S.	NOMS DES AUTEURS DES EXPÉRIENCES.
Fer fondu	568.	Banks et G. Rennie.
Fer forgé	646.(1)	Barlow.

SECTION DEUXIÈME.

DE LA RÉSISTANCE A LA FLEXION.

NOMS DES MATÉRIAUX.	VALEUR DE E.	NOMS DES AUTEURS DES EXPÉRIENCES.
Fer forgé	8000000.	Duleau.

(1) Dans les expériences faites pour obtenir la valeur de S qui convenait au fer forgé, les pièces posées sur deux appuis n'ont pas été tout à fait rompues; mais elles ont été chargées, jusqu'à ce que leur élasticité ait été entiérement détruite.

CHAPITRE TROISIÈME.

74. DE LA RÉSISTANCE A UN EFFORT DE PRESSION.

SECTION PREMIÈRE.

DE LA RÉSISTANCE A L'ÉCRASEMENT.

NOMS DES MATÉRIAUX.	RÉSISTANCE à l'écrasement par cent. carré.	NOMS DES AUTEURS des expériences.
Fer fondu, *hauteur égale au côté de la base* . . . :	25600.	G. Rennie.
Id. *hauteur 2 fois le côté de la base.* . . . . '. . . .	24000.	*Id.*
Id. *hauteur 3 fois le côté de la base.*	20000.	*Id.*
Fer forgé, *hauteur 4 fois le côté de la base.*	15800.	*Id.*
Cuivre jaune . . . . *cube*	25500.	*Id.*
Cuivre fondu . . . . *id*	18000.	*Id.*
Cuivre œuvré . . . . *id*	15900.	*Id.*
Étain fondu. . . . . *id*	2390.	*Id.*
Plomb fondu . . . . *id*	1200.	*Id.*
Basalte d'Auvergne, *pesanteur spécifique* 3,06	1912.	Rondelet.

NOMS DES MATÉRIAUX.	RÉSISTANCE à l'écrasement par cent. carré.	NOMS DES AUTEURS des expériences.
Granit de Bretagne . . _id_ . 2,74	654.	Rondelet.
Grés blanc dur. . . . _id_ . 2,48	924.	_Id._
Marbre statuaire . . . _id_ . 2,69	327.	_Id._
Pierre de liais . . . . _id_ . 2,44	444.	_Id._
Pierre de Givry dure . _id_ . 2,36	193.	_Id._
Pierre de Givry tendre _id_ . 2,07	87, 50.	_Id._
Tuf de Rome . . . . _id_ . 1,22	57, 90.	_Id._
Brique.	148.	_Id._
Plâtre gaché	49, 60.	_Id._

SECTION DEUXIÈME.

DE LA RÉSISTANCE DES MATÉRIAUX POSÉS DEBOUT A LA FLEXION.

La valeur de E indiquée pour le fer forgé dans le chapitre précédent convient ici, et peut servir à déterminer le poids qui commence à faire fléchir une barre de fer chargée debout à l'aide des formules des articles 61 et 62.

CHAPITRE QUATRIÈME.

75. DE LA RÉSISTANCE A UN EFFORT DE TORSION.

SECTION PREMIÈRE.

DE LA RÉSISTANCE A UNE PETITE TORSION.

NOMS DES MATÉRIAUX.	VALEUR DE T.	NOMS DES AUTEURS des expériences.
Fer forgé	11200.	Duleau.

Note. *L'angle* t (*art.* 67) *devra être exprimé en degrés sexagésimaux.*

SECTION DEUXIÈME.

DE LA RÉSISTANCE A LA RUPTURE CAUSÉE PAR LA TORSION.

NOMS DES MATÉRIAUX.	VALEUR DE U.	NOMS DES AUTEURS des expériences.
Acier	1840.	G. Rennie.
Fer forgé	1090.	Id.
Fer fondu	1040.	Banks et G. Rennie.
Cuivre jaune.	505.	G. Rennie.
Cuivre.	465.	Id.
Étain	155.	Id.
Plomb.	108.	Id.

NOTES.

Note 1. (Art. 13.)

Une pièce d'une longueur l étant encastrée à l'une de ses extrémités, et chargée d'un poids P distribué uniformément sur la longueur, $\dfrac{P}{l}$ sera le poids porté sur l'unité de longueur.

Le poids agissant sur l'espace dx à la distance x du point d'encastrement sera $\dfrac{P}{l}\, dx$ et son effort $\dfrac{P}{l}\, x\, dx$, expression dont l'intégrale prise entre les limites $x = o$ et $x = l$ donnera $F = \frac{1}{2} P l$ pour l'effort exercé par le poids P sur la base de rupture.

Pour une pièce d'une longueur l posée sur deux appuis, et chargée d'un poids Q uniformément distribué, on aurait $F = \frac{1}{8} Q l$.

Note 2. (Art. 35.)

Trouver le poids nécessaire pour rompre une pièce de bois prismatique quelconque, encastrée à l'une de ses extrémités et chargée à l'autre.

Supposons que la section de la base d'encastrement A B C D (fig. 13.) soit symétrique par rapport à la ligne verticale B D; et cherchons d'abord la position de l'axe neutre A C.

Nous avons vû (art. 34) que, pour déterminer cet axe, il fallait diviser la surface A B C D en deux parties telles, que les momens des surfaces de tension et de compression fussent par rapport à l'axe neutre comme 1 est à 3.

Prenons l'axe neutre A C pour axe des x et la ligne B D pour axe des y; appelons z la distance inconnue D E de l'axe neutre au sommet de la base, et x la double abscisse ab d'une tranche infiniment mince de la surface de tension, parallèle à l'axe des x.

L'intégrale $\int x\, y\, dy = M$, prise entre les limites $y = o$ et

$y = z$, donnera le moment de la surface de tension, et en appelant M′ le moment de la surface de la compression, nous aurons
3 M = M′.

Mais nous pouvons remarquer, que la surface A B C D de la base entière étant égale à la somme des deux surfaces de tension et de compression, nous aurons A B C D $\times$ O E = M′ — M = 3 M — M = 2 M, O étant le centre de gravité de la surface A B C D. Faisant A B C D = S et O D = R, il viendra

$$S (R — z) = 2 M, \text{ ou } M = \frac{S (R — z)}{2}$$

Nous avons déjà

$$M = \int x y \, d y$$

D'où

$$S \frac{(R — z)}{2} = \int x y \, d y$$

équation d'où l'on pourra tirer la valeur de z et par suite celle de $\int x y \, d y$, prise entre les limites $y = o$ et $y = z$.

Connaissant le moment de la tension, il suffira pour avoir le poids cherché, de multiplier ce moment par la force de cohésion directe, et de diviser ce produit par la moitié de la longueur de la pièce, ce qui donnera

$$P = \frac{f . \int x y \, d y}{\frac{1}{2} l .}$$

f représentant la force de cohésion directe.

Applications à quelques cas particuliers.

1° *A un rectangle.* Soit a la base et d la hauteur de ce rectangle, son équation sera $x = a$; d'où $\int x y \, d y = \int a y \, d y$
$$= \frac{a z^2}{2}$$

Nous aurons d'ailleurs S = ad, et R = $\frac{1}{2} d$; d'où S $\frac{(R — z)}{2}$
$$= \frac{ad^2}{4} — \frac{adz}{2} \text{ et } \frac{a z^2}{2} = \frac{ad^2}{4} — \frac{adz}{2}; z^2 + d z = \frac{d^2}{2}$$
et $z = 0,366 \, d$.

Par suite $\int x y \, d y = 0,067 . ad$; et P = $\dfrac{0,134 f . ad^2}{l}$.

2° *A un carré placé sur un de ses angles.* Soit a le côté d'un carré placé sur un de ses angles, sa diagonale étant verticale; l'équation de la surface de tension sera $x = 2(z - \gamma)$; d'où

$$\int x\,y\,d\,y = \frac{z^3}{3} : \text{d'ailleurs } S = a^2 ; R = \tfrac{1}{2}\,a\,\sqrt{2} ; \text{d'où}$$

$$S\frac{(R-z)}{2} = \frac{a^3\sqrt{2}}{4} - \frac{a^2 z}{2} ; \text{et } \frac{z^3}{3} = \frac{a^3\sqrt{2}}{4} - \frac{a^2 z}{2} ;$$

$$z^3 + \frac{3\,a^2}{2}\,z = \frac{3\,a^3\sqrt{2}}{4} ; z = 0,578\,a ; \text{par suite},$$

$$\int x\,y\,d\,y = 0,064\,a^3, \text{ et } P = \frac{0,128\,f.\,a^3}{l}.$$

3° *A un triangle équilatéral, le sommet en haut.* Soit c le côté du triangle et h sa hauteur; son équation sera

$$\frac{x}{z-y} = \frac{2}{\sqrt{3}} ; \text{d'où} \int x y\,d\,y = \frac{z^3}{3\sqrt{3}} ;$$

d'ailleurs, $S = \dfrac{c\,h}{2} = \dfrac{h^2}{\sqrt{3}}$; $R = \dfrac{2h}{3}$; d'où $S\dfrac{(R-z)}{2} = \dfrac{h^3}{3\sqrt{3}}$

$$+ \frac{h^2 z}{2\sqrt{3}} ; \text{ et } z^3 + \tfrac{1}{2}\,h^2 z = h^3 ; \text{d'où } z = 0,553\,h; \text{ par}$$

suite $\int x\,y\,d\,y = 0,0211\,c^3$, et $P = \dfrac{0,0422\,f.\,c^3}{l}$.

4° *A un triangle équilatéral, le sommet en bas.* Son équation sera

$$\frac{x}{y+h-z} = \frac{2}{\sqrt{3}} ; \text{d'où} \int x y\,d\,y = \frac{h z^2}{\sqrt{3}} - \frac{z^3}{3\sqrt{3}} ;$$

d'ailleurs, $S = \dfrac{h^2}{\sqrt{3}}$; $R = \dfrac{h}{3}$; d'où $\dfrac{S(R-z)}{2} = \dfrac{h^3}{6\sqrt{3}}$

$$- \frac{h^2 z}{2\sqrt{3}} ; \text{et } z^3 - 3 h z^2 - \tfrac{3}{2} h^2 z + \frac{h^3}{2} = 0; \text{d'où } z = 0,233\,h;$$

par suite $\int x\,y\,d\,y = 0,0188\,c^3$, et $P = \dfrac{0,0376\,f.\,c^3}{l}$.

5° *A un cercle.* Son équation est $y = \sqrt{r^2 - x^2} - Z$; r étant le rayon, Z la distance du centre à l'axe neutre, et x l'abscisse $b\,c$ (fig. 13); alors on aura pour le demi-segment **D E C**,

6

$$\int xy\, dy = -\int \frac{x^2\, dx}{\sqrt{r^2 - x^2}} \left(\sqrt{r^2 - x^2} - Z \right) =$$

$$-\int x^2 d\, x + \int \frac{Z x^2 dx}{\sqrt{r^2 - x^2}},$$

cette intégrale devant être prise entre $x = 0$, et $x = \sqrt{r^2 - Z^2}$

L'intégrale complette est, $\int xy\, dy = \dfrac{x^3}{3} + \tfrac{1}{2} Z\, r^2 \text{ arc. sin. } \dfrac{x}{r}$

$-\dfrac{Z x}{2} \sqrt{r^2 - x^2}$, qui, prise entre les limites indiquées, donne

$$\int xy\, dy = \frac{(r^2 - Z^2)^{\frac{3}{2}}}{3} - \tfrac{1}{2} Z r^2 \text{ arc. sin. } \frac{\sqrt{r^2 - Z^2}}{r}$$

$+ Z^2 \dfrac{\sqrt{r^2 - Z^2}}{2}$; et pour les deux côtés du segment, on aura

$$\tfrac{2}{3} (r^2 - Z^2)^{\frac{3}{2}} - Z r^2 \text{ arc. sin. } \frac{\sqrt{r^2 - Z}}{r} + Z^2 \sqrt{r^2 - Z^2};$$

d'un autre côté, nous avons, $S = \pi r^2$; $R - z = Z$, il viendra;
donc, $S \dfrac{(R - z)}{2} = \tfrac{1}{2} \pi r^2 Z$; et

$$\tfrac{1}{2} \pi r^2 Z = \tfrac{2}{3} (r^2 - Z^2)^{\frac{3}{2}} - Z r^2 \text{ arc. sin. } \frac{\sqrt{r^2 - Z^2}}{r}$$

$+ Z^2 \sqrt{r^2 - Z^2};$

équation qui est satisfaite en faisant $Z = 0,2285\ r$; d'où
$2\int xy\, dy = 0,359\ r^3$, et $P = \dfrac{0,718\, f.\, r^3}{l}$.

NOTE 3. (Art. 41.)

Soit une lame élastique A B (fig. 11) fléchie dans la position
A C par l'action du poids P; nous avons admis (art. 40) que la
résistance à la flexion en un point quelconque de cette lame était
proportionnelle à l'angle formé par les deux élémens consécutifs
de la courbe en ce point; qu'au point c par exemple, le moment du poids P, ou $P \times T c$ devait être proportionnel à
l'angle $s\, c\, T$, ou, ce qui est la même chose, réciproque au
rayon de courbure c X. Or, en conservant les dénominations de l'art. 41, et appelant x et y les coordonnées du point c
rapportées aux axes A B et AD, nous aurons, si nous admettons

que la flexion soit assez petite, pour qu'on puisse confondre l'abscisse du point C avec la longueur l de la lame,

$$P(l-x) = \frac{e}{cX} = \frac{e.dx d^2 s}{ds^{\frac{3}{2}}};$$

la flexion étant très faible, on peut supposer $dx = ds$, et nous avons alors $P(l-x) = \frac{l d^2 y}{dx^2}$, ou $P(\frac{1}{2}lx - \frac{1}{6}x^3) = ey$.

Equation, qui en faisant $x = l$, donne pour la flèche de courbure au point C, $b = \frac{Pl^3}{3e}$, ou $\frac{Pl^3}{3b} = e$.

S'il s'agit d'une lame posée horizontalement sur deux appuis, les équations précédentes conviendront à la courbe formée par chacune des moitiés de la lame, et l'on aura $f = \frac{RL^3}{3e}$; f indiquant la flèche de courbure au milieu, $2R$ le poids suspendu à ce point, et $2L$ la longueur de la lame. Nous avons vu (art. 43) que cette valeur de f ne convenait plus, lorsqu'on considérait une pièce élastique au lieu d'une simple lame.

Note 4. (Art. 42.)

Lorsque le poids P (fig. 11) au lieu d'être appliqué à l'extrémité de la lame A B, est également distribué dans sa longueur, la portion de ce poids, qui agit dans l'espace cC est $\frac{P}{l}(l-x)$ et son moment pris par rapport au point c, $\frac{P}{2l}(l-x)^2$; de sorte que, dans ce cas, l'équation de la lame élastique devient,

$$\frac{P}{2l}(l-x)^2 = e\frac{d^2 y}{dx^2} ;$$

ou $\frac{P}{2l}(\frac{l^2 x^2}{2} - \frac{l x^3}{3} + \frac{x^4}{12}) = ey;$

d'où l'on tire en faisant $x = l$,

$$\frac{Pl^3}{8b} = e$$

Note 5. (Art. 44.)

Lorsqu'une lame posée horizontalement sur deux appuis est

6.

chargée par des poids uniformément distribués sur sa longueur, chaque moitié est dans le même cas, que si, encastrée horizontalement à une extrémité, elle était fléchie à la fois par des poids distribués uniformément sur sa longueur, et par une force égale à la somme de ces poids, et agissant en sens contraire à l'autre extrémité, on a donc pour un poids 2 R, suspendu au milieu d'une lame de longueur 2 L

$$e\,y = R\,(\tfrac{1}{2}\,L\,x^2 - \tfrac{1}{6}\,x^3) - \frac{R}{2\,L}(\frac{L^2\,x^2}{2} - \frac{L\,x^3}{3} + \frac{x^4}{12})$$

d'où l'on tire, en faisant $x = L$,

$$f = \frac{5\,R\,L^3}{8 \times 3\,e}$$

NOTE 6. (Art. 45.)

Nous avons considéré, dans l'art. 45, une pièce de bois prismatique, dont la base était un rectangle, et nous avons vu que la résistance à la flexion était, dans ce cas, proportionnelle à la largeur de la pièce et au cube de son épaisseur. Ce résultat peut être aussi déduit d'une théorie générale de la flexion, applicable à des pièces de bois dont la base est une figure quelconque.

Soit une pièce de bois A C F I (fig. 1) encastrée à l'une de ses extrémités, et chargée à l'autre d'un poids P ; nous savons, que les fibres, qui se trouvent au-dessus de l'axe neutre, seront exposées à la tension, et que celles placées au-dessous le seront à la compression. Nous savons en outre, qu'au moment de la rupture, les fibres supérieures sont moins étendues, que les fibres inférieures ne sont comprimées. Mais on peut admettre que, lorsque les tensions et les compressions sont très faibles, et qu'ainsi la courbure de la pièce élastique est peu considérable, les fibres s'allongent et se raccourcissent de la même quantité sous un même poids, et qu'alors la somme des momens des tensions des fibres supérieures est égale à celle des momens des compressions des fibres inférieures.

Il résulte de cette hypothèse, que, lorsqu'une pièce prismatique a pour base une surface divisible par une ligne horizontale en deux parties symétriques, cette ligne doit se confondre avec l'axe neutre de rotation, lors d'une petite flexion.

Nous n'examinerons que des pièces de bois de cette forme, qui sont à peu près les seules dont on fasse usage dans la pratique.

Considérons dans la pièce A C I F la base de rupture A C, et supposons la pièce inflexible partout, excepté dans cette section A C ; les momens des forces de compression et d'extension des fibres de chaque côté de l'axe neutre n doivent faire équilibre au poids P , qui tend à fléchir la pièce.

Or, en rapportant la base de rupture à deux axes perpendiculaires, dont l'un horizontal se confonde avec l'axe neutre, nous aurons pour l'allongement d'une fibre située à une distance y au-dessus de l'axe des x, $\frac{y}{R}$, R représentant le rayon de courbure de la courbe élastique au point n. Mais la résistance opposée par cette fibre étant proportionnelle à sa surface, à l'élasticité du bois, et à la quantité dont elle est allongée, sera $dx\,dy\frac{gy}{R}$, g étant une quantité constante qui mesure l'élasticité du bois dont est formée la pièce. Le moment de cette résistance par rapport au point n sera donc $dx\,dy\,\frac{gy^2}{R}$; et le moment de la résistance opposée par toute la surface de tension, sera $\iint dx\,dy\,\frac{gy^2}{R}$, cette intégrale étant prise dans les limites de la partie de la section au-dessus de l'axe neutre. Le moment de la résistance à la compression devant être égal à celui de la tension, nous aurons

$$\frac{2}{3}\frac{g}{R}\int y^2\,dx = Pl,$$

l indiquant la longueur de la pièce A C F I.

Si nous faisons $\frac{2}{3}g\int y^2\,dx = A$, il viendra $\frac{A}{R} = Pl$, qui est précisément l'équation de la lame élastique trouvée dans la note 3 et qui donnera pour la flèche de courbure au point F,

$$F = \frac{Pl^3}{3A};$$ expression qui peut aussi convenir à une pièce posée sur deux appuis, en modifiant convenablement la constante g qui entre dans la valeur de A.

Application à quelques cas particuliers.

1 *A un rectangle posé sur deux appuis.* Soit a la largeur et d l'épaisseur. Alors $y = \dfrac{d}{2}$, et il faut prendre l'intégrale entre $x = o$ et $x = a$; on a donc

$$\textstyle\int y^3\, dx = \frac{ad^3}{8}\ ,\ A = \frac{g.ad^3}{12}\ ,\ \text{et}\ F = \frac{4\,P\,l^3}{g\,ad^3}.$$

Nous avons supposé (*art.* 45) que pour une pièce posée sur deux appuis, on avait $F = \dfrac{P\,l^3}{ad^2\,E}$; il faudra donc qu'on suppose $g = 4\,E$ pour que la formule $F = \dfrac{P\,l^3}{3\,A}$ puisse convenir à une pièce posée sur deux appuis; il viendra alors $A = \dfrac{8\,E}{3}\int y^3\,dx.$

2° *A un carré posé sur un des angles.* Soit c le côté du carré; on aura $c\sqrt{2} - 2y = x$, d'où $-2\,dy = dx$ et $\int y^3\,dx = -2\int y\,dy$ qu'il faudra prendre entre $y = o$ et $y = \frac{1}{2}c\sqrt{2}$; on a donc

$$-2\int y^3\,dy = \frac{c^4}{8}\ ,\ A = \frac{E\,c^4}{3}\ ,\ \text{et}\ F = \frac{P\,l^3}{E\,c^4}$$

3° *A un cercle.* Ici, dans l'intégrale $\int y^3\,dx$, on peut remplacer x et y par $r\cos.z$ et $r\sin.z$, z étant, dans le cercle dont le rayon est 1, l'arc correspondant au point dont les ordonnées sont x et y; cette intégrale devient donc

$$r^4\int \cos.^3 z\, d\sin.z\ ,$$

qui intégrée entre $z = -\dfrac{\pi}{2}$ et $z = \dfrac{\pi}{2}$, donne $\frac{3}{8}\pi r^4$; A devient $\pi\,E\,r^4$, et $F = \dfrac{P\,l^3}{3\,\pi\,E\,r^4} = \dfrac{P\,l^3}{9,425.E\,r^4}$

4° *A un tuyau.* On trouve dans ce cas

$$\textstyle\int y^3\,dx = \frac{3}{8}\pi\,(R^4 - r^4)\ \text{et}\ F = \frac{P\,l^3}{9,425.E(R^4 - r^4)}$$

NOTE 7. (Art. 60.)

Soit une lame élastique (fig. 14) encastrée à l'une de ses extrémités, et pressée à l'autre par un poids agissant dans le sens de sa longueur. Conservant la dénomination de la note 3 et appelant f, l'ordonnée B C, supposée très-petite, nous aurons pour l'équation de la courbe

$$P (f - y) = e \frac{d^2 y}{dx^2},$$

multipliant les deux membres par dy, intégrant et déterminant la constante par la condition que quand $\frac{dy}{dx} = 0, y = 0$, on aura

$$P (2 f y - y^2) = e \frac{dy^2}{dx^2}$$

L'intégrale de cette équation, en observant que quand $x = 0$, $y = 0$, et qu'ainsi la constante est égale à $-\frac{\pi}{2}$, sera

$$x \sqrt{\frac{P}{e}} + \frac{\pi}{2} = \text{arc.} (\sin. = \frac{f - y}{f}), \text{ ou}$$

$$\frac{f - y}{f} = \sin. (x \sqrt{\frac{P}{e}} + \frac{\pi}{2}),$$

on doit avoir en même temps, $f = y$, et $l = x$, donc

$$\sin (l \sqrt{\frac{P}{e}} + \frac{\pi}{2}) = 0, \text{ ou } l \sqrt{\frac{P}{e}} + \frac{\pi}{2} = m \pi,$$

m étant un nombre entier quelconque.

En faisant $m = 0$, et $m = 1$, on a

$$P = \frac{\pi^2 e}{4 l^2}$$

et pour toute valeur de P plus petite que cette quantité, la lame ne prendra aucune courbure.

Les autres valeurs de m conviennent aux cas où la lame a une tendance à se plier, dans des sens différens, à différens points de sa longueur.

Une lame élastique seulement posée sur un plan perpendiculaire à sa direction et pressée debout, prend la courbure indiquée dans la figure 15, et peut être considérée comme la réunion de deux lames encastrées au point A , de sorte que la valeur de P trouvée plus haut, convient encore dans ce cas, en supposant à la pièce seulement appuyée une longueur 2 l.

Note 8. (Art. 67.)

Si nous considérons (fig. 12), un élément m de la section extrême $abcd$ d'un solide encastré à l'autre extrémité; nous aurons pour l'expression de la résistance de cet élément à un effort de torsion, en nous rappelant, comme nous l'avons exposé dans l'art. 66, que cette résistance était proportionnelle à la surface de l'élément, à sa distance à l'axe, à l'angle d'écartement, et réciproque à la longueur du solide,

$$\frac{T\,dR.d.\alpha\,R^2\,t}{l}$$

l, t et T ayant les mêmes significations que dans l'art. 67, α représentant l'angle $a\,O\,C$, et R la distance du point O à l'élément m.

Le moment de cette résistance sera pour l'élément m,

$$\frac{T\,dR.\,d\alpha.\,R^3\,t}{l}$$

et pour la surface entière $a\,b\,c\,d$.

$$\iint \frac{T\,dR.\,d\alpha.\,R^3\,t}{l} = \int \frac{T\,R.^4 d\alpha.t}{4\,l} = P\,L$$

l'intégrale étant prise par rapport à α entre les limites o et $2\,\pi$, et par rapport à R entre o et la plus grande valeur de R.

Applications à quelques cas particuliers.

1° *A un cercle.* r étant le rayon du cercle, on a $\int R^3\,dR = \frac{r^4}{4}$, et la formule générale devient

$$\frac{T\,t}{l}\,\tfrac{1}{2}\,\pi r^4 = P\,L, \text{ ou } T = \frac{2\,P\,L\,l}{t\,\pi\,r^4} = \frac{P\,L\,l}{1,57.\,t\,r^4}$$

2° *A un carré.* Soit c le côté du carré ; en décomposant le carré en huit triangles égaux, on aura pour l'un d'eux

$$R = \frac{C}{2.\cos.\alpha}, \text{ d'où } \int \frac{T\,R^4\,d\alpha.t}{4\,l} = \frac{T\,t\,c^4}{4.16.l} \int \frac{d\alpha}{\cos.^4\alpha}, \text{ mais}$$

$$\int \frac{d\alpha}{\cos.^4\alpha} = \tfrac{1}{3}\,\frac{\sin.\alpha}{\cos.^3\alpha} + \tfrac{2}{3}\,\frac{\sin\alpha}{\cos\alpha}.$$ expression qui se réduit

à $\tfrac{4}{3}$, lorsque $\sin.\alpha = \cos.\alpha = \tfrac{1}{2}\sqrt{2}$, c'est-à-dire lorsque dans le triangle, l'angle α a sa plus grande valeur 45 degrés; l'expression du moment de la résistance de torsion pour le triangle est alors $\frac{4\,\mathrm{T}\,t\,c^4}{3.4.16.l}$, et on a pour le carré qui se compose de huit triangles semblables,

$$\frac{\mathrm{T}\,t\,c^4}{6\,l} = \mathrm{P\,L}, \text{ ou } \mathrm{T} = \frac{6\,\mathrm{P\,L}\,l}{t\,c^4}.$$

FIN.

TABLE DES MATIÈRES.

SECTION DEUXIÈME.

De la résistance des bois à la flexion,

CHAPITRE TROISIÈME.

De la résistance des bois soumis à une pression dirigée dans le sens de la longueur,

SECTION PREMIÈRE.

De la résistance des bois à l'écrasement.

SECTION DEUXIÈME.

De la résistance des bois debout à la flexion.

(94)

FIN DE LA TABLE.

ERRATA.

Dans quelques exemplaires seulement,
page 5, ligne 5, au lieu de *s'exerce*, lisez *s'exercent*.

Page 14, ligne 27, au lieu de F $= \dfrac{P\alpha}{\cos.\alpha}$, lisez F $= \dfrac{P l}{2\cos.\alpha}$.

Page 15, ligne dernière, au lieu de *cos.* 2 α, lisez *cos.* ^{2} α. Au lieu de *séc.* 2 α, lisez *séc.* ^{2} α.

Page 21, ligne 22, au lieu de *cos.* 2 α, lisez *cos.* ^{2} α.

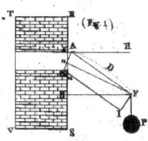
(Fig. 1.)

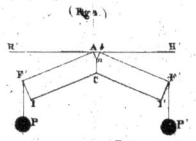
(Fig. 2.)

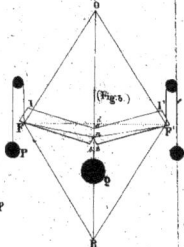
(Fig. 3.)

(Fig. 4.)

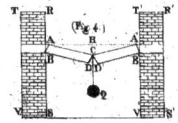

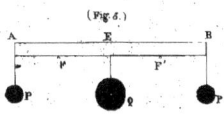
(Fig. 5.)

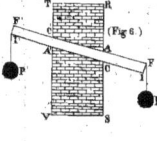
(Fig. 6.)

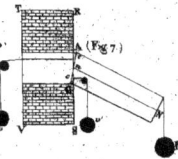
(Fig. 7.)

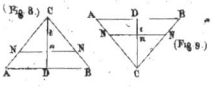
(Fig. 8.)

(Fig. 9.)

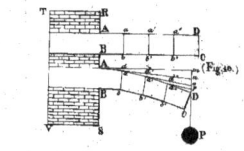
(Fig. 10.)

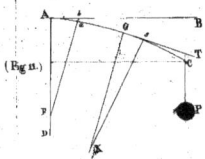
(Fig. 11.)

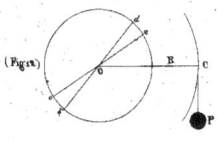
(Fig. 12.)

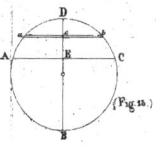
(Fig. 13.)

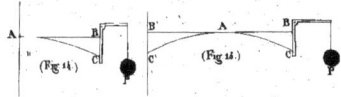
(Fig. 14.)   (Fig. 15.)

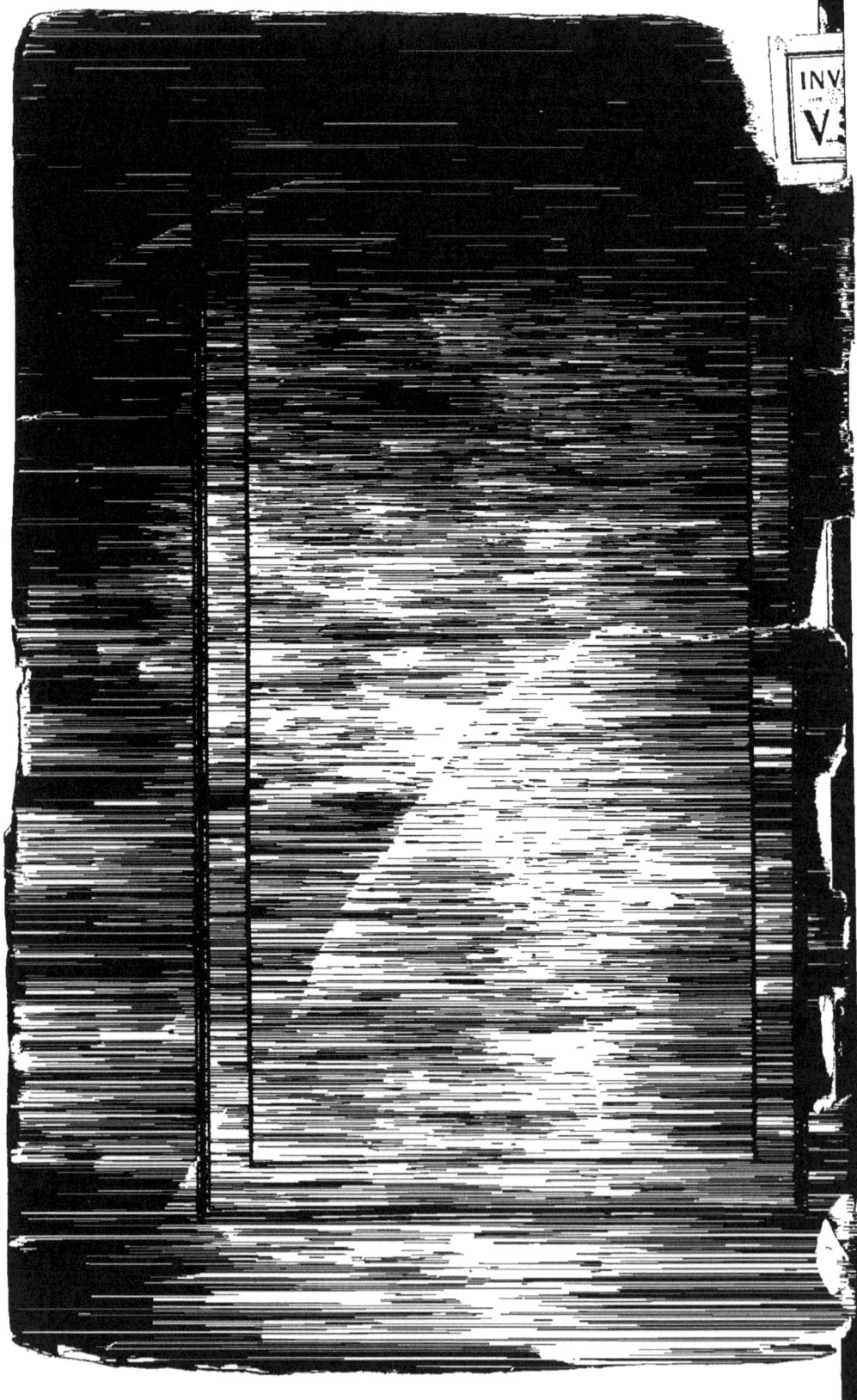

www.ingramcontent.com/pod-product-compliance
Lightning Source LLC
Chambersburg PA
CBHW071518200326
41519CB00019B/5982